MÉTHODE NOUVELLE

POUR APPRENDRE

ET

ENSEIGNER A CALCULER

AUSSI VITE QUE LA PENSÉE,

ET

AVEC LA PLUS GRANDE EXACTITUDE,

Par GRANDSARD,

Receveur municipal de la ville d'Épinal (Vosges).

ÉPINAL,

De l'Imprimerie de veuve Gley.

1851.

MÉTHODE NOUVELLE

DE CALCUL.

MÉTHODE NOUVELLE

POUR APPRENDRE

ET

ENSEIGNER A CALCULER

AUSSI VITE QUE LA PENSÉE,

ET

AVEC LA PLUS GRANDE EXACTITUDE,

PAR GRANDSARD,

Receveur municipal de la ville d'Épinal (Vosges).

ÉPINAL,

De l'Imprimerie de veuve Gley.

1851.

Attestations accordées à l'auteur en résultat des expériences de la *Méthode*, faites publiquement en présence du Conseil municipal de la ville d'Épinal, de la Société d'Émulation du département des Vosges, de M. le Préfet et d'un certain nombre de Membres du Conseil général du même département.

Extrait du registre des délibérations du conseil municipal d'Épinal. (Séance du 25 août 1851.)

M. le Maire ayant été touché d'une demande de M. Grandsard, receveur municipal, en date du 8 du courant, relative à un nouveau procédé par lequel il serait parvenu à procurer, en très-peu de temps, aux enfants, l'habileté et la précision qu'exigent surtout les opérations fondamentales de l'arithmétique, a cru devoir soumettre cette demande à la Commission de l'instruction publique, qui, après avoir entendu M. Grandsard, a vu opérer sous ses yeux plusieurs élèves des deux sexes.

M. Lemarquis a été chargé de formuler, dans un rapport, les vœux exprimés par M. Grandsard, et voici à peu près les termes dans lesquels il s'est exprimé :

« M. Grandsard a amené dans le sein de la Commission un certain nombre de jeunes enfants, de 7 à 13 ans, qui ont été dressés d'après sa méthode, et qui, presque tous, ont exécuté les quatre opérations de l'arithmétique avec une habileté, une prestesse et une sûreté qu'il est difficile et très-rare de rencontrer, non-seulement dans des enfants aussi jeunes, mais même dans des hommes faits, dans des individus qui ont passé leur vie à grouper des chiffres. Deux ou trois surtout de ces enfants (l'un à peine âgé de 8 ans) étonnent par la rapidité et l'exactitude avec lesquelles ils opèrent, et il est tout d'abord impossible de ne pas reconnaître tout ce que la méthode de M. Grandsard offre de miraculeux, quand on voit d'aussi jeunes élèves chiffrer avec plus d'assurance et de promptitude que les hommes qui ont passé 20 ou 30 années de leur vie dans les finances ou dans le relevé des opérations du cadastre. Tous les Membres de la Commission ont été vivement frappés des beaux résultats de cette méthode, et tous se sont empressés d'exprimer le désir de voir mettre en relief une découverte qui doit modifier si profondément les études scientifiques, simplifier et abréger les travaux si fastidieux des professeurs et des élèves.

» M. Grandsard ne saurait aujourd'hui indiquer la marche qu'il faut suivre, puisque c'est là son secret ; mais il présente des résultats saisissants, et il n'est pas d'incrédule qui ne s'incline devant des faits de la nature de ceux qui ont été soumis à l'appréciation de la Commission. En deux ou trois mois au plus, M. Grandsard défie l'intelligence la plus obtuse de résister à sa méthode.

» Sans doute, le Conseil général sera désireux, très-désireux même, de vérifier et de constater par lui-même les étonnants et immenses résultats obtenus par la méthode de M. Grandsard. Aussi le Conseil municipal tout entier, unissant sa voix à celle de la Commission, s'empresse-t-il de recommander, d'une manière toute spéciale, à l'attention et à la bienveillance des Membres du Conseil général, la méthode si extraordinaire de M. Grandsard.

» Le Conseil municipal se trouvera très-heureux, en cette circonstance, de l'intérêt bien vif qu'il se plaît à témoigner à M. Grandsard, si, comme il en est persuadé, le Conseil général veut bien joindre ses efforts à ceux de la Société d'Émulation et à ceux de la municipalité tout entière, pour déterminer le Gouvernement à rechercher le moyen le plus prompt pour la propagation d'une méthode si utile à toutes les classes de la société. »

Pour extrait conforme :

Le Conseiller faisant les fonctions de Maire, M.-N. ÉVON.

Rapport d'une Commission prise dans le sein de la Société d'Émulation du département des Vosges.

« Dans sa séance ordinaire du jeudi 15 mai 1851, la Société d'Émulation des Vosges, sur l'invitation de M. Grandsard, receveur municipal de la ville d'Épinal, nomma une Commission chargée d'examiner les résultats d'une méthode de calcul, dont M. Grandsard est l'inventeur, et au moyen de laquelle de jeunes enfants, dénués de toute espèce d'instruction, peuvent, après 30 à 40 leçons, faire de la manière la plus rapide et, en apparence, la plus facile, les opérations désignées sous le nom des quatre règles, quelque compliquées qu'elles soient, quelque nombreux que soient les chiffres soumis à leur calcul.

» Le 18 juin, la Commission désignée par la Société, se rendit chez M. Grandsard, et là une sorte d'examen eut lieu ; chaque élève appelé à son tour, traça sur un tableau les chiffres qui lui furent dictés par les Membres de la Commission, et fit, avec une rapidité extrême, les diverses opérations qui lui furent demandées. Addition, soustraction, multiplication, division, tout cela se fit avec une facilité merveilleuse et une habileté telle, qu'il semblait que ses élèves reçussent l'impulsion d'une sorte de mécanisme.

» Le succès fut donc complet et le résultat unanimement constaté ; mais par quelle méthode M. Grandsard a-t-il pu réaliser cette espèce de miracle? par quels moyens est-il parvenu à faire disparaître les difficultés que présentent toujours les opérations mathématiques, même les plus simples, et à rendre les chiffres tellement familiers à ces jeunes esprits, (car les élèves de M. Grandsard ont de 8 à 12 ou 14 ans) qu'ils les lisent aussi facilement que des lettres, en les combinant mieux peut-être que des syllabes? A cela la Commission ne peut faire aucune réponse ; elle se contente de constater les résultats ; elle ne les discute pas, elle ne cherche pas à les expliquer. Seulement pour qu'il ne puisse rester à personne le moindre doute sur l'efficacité de cette méthode, dont M. Grandsard fait un secret, et dont il se réserve la propriété, la Commission a cru devoir lui imposer l'obligation de prendre sous sa direction un ou plusieurs jeunes enfants d'une ignorance mathématique bien démontrée, bien notoire, et de les amener, en un certain nombre de leçons, au degré d'habileté dans la combinaison des chiffres, que la Commission a constatée chez ses autres élèves, et de soumettre à un examen public, quand il les croirait arrivés au degré convenable.

» Cette condition, M. Grandsard l'a acceptée; il déclare aujourd'hui l'avoir remplie, et être prêt à en donner la preuve.

» Les Membres soussignés de la Commission de la Société, se bornent donc aujourd'hui à affirmer que les élèves de M. Gransard ont opéré de la manière la plus satisfaisante, tant sous leurs yeux, le 18 juin, que sous les yeux de la Société elle-même dans sa séance du 19 du même mois, et ils se plaisent à en donner ici le témoignage le plus entier à M. Grandsard, pour lui servir dans l'occasion. »

Épinal, le 25 Août 1851.

Le Secrétaire perpétuel de la Société, membre de la Commission,

Signé Haxo.

Signé Guery, Grillot, Beaurain.

« Le Président de la Société atteste également l'exactitude des faits et des résultats consignés au présent rapport, pour en avoir été témoin à la séance de la Société où M. Grandsard a présenté ses élèves. »

Épinal, le 26 Août 1851.

Signé Maud'heux.

Certifié conforme à l'original qui nous a été présenté.

Épinal, le 27 Août 1851.

Le Maire provisoire, M.-N. Évon.

Préfecture du département des Vosges.

Nous, Préfet des Vosges,

Certifions que, le 30 août dernier, en notre présence et en celle d'un grand nombre de Membres du Conseil général, la *Méthode de calcul*, inventée par M. Grandsard, a été pratiquée par plusieurs de ses élèves des deux sexes, âgés de 7 à 13 ans, et que ceux-ci ont exécuté les quatre premières opérations de l'arithmétique, avec une rapidité et une exactitude qui ont excité au plus haut point notre étonnement et celui de toutes les personnes présentes à cette séance.

Épinal, le 18 Septembre 1851. Eug. Depercy.

MÉTHODE NOUVELLE.

PREMIÈRE PARTIE.

ESPRIT DE LA MÉTHODE.

> Veux-tu devenir habile et sagace ouvrier?
> Livre-toi à la pratique de ton état avant d'en étudier la théorie.
> Veux-tu devenir excellent logicien?
> Ne juge jamais d'une chose sans l'avoir préalablement bien vue dans son ensemble et dans ses parties.

On a publié jusqu'alors une infinité de méthodes pour l'enseignement du calcul, mais je ne sache pas que l'on s'y soit jamais proposé de faire d'habiles calculateurs sur les bancs même de l'école : toutes s'en réfèrent à la pratique pour opérer ce prodige. Aussi voyons-nous longtemps les élèves calculer très-laborieusement, sinon sur leurs doigts, et commettre de nombreuses erreurs.

Nous ne saurions donc calculer habilement et sûrement qu'à la condition de nous livrer à une pratique longue et constante; d'où il suit que notre mode actuel d'enseignement laisse dans l'ignorance du calcul, du moins au double point de vue de l'habileté et de la sûreté, cette classe tout à la fois si nombreuse et si intéressante, des campagnards et des ouvriers, alors qu'ils n'ont ni le temps ni l'occasion de se perfectionner, soit par la pratique, soit par l'étude.

Frappé de cet état de choses, et désirant y apporter remède, je me suis livré à la recherche des moyens propres à procurer immédiatement à la jeunesse cette habileté et cette sûreté qui, indépendamment de leur haute utilité populaire, facilitent éminemment l'étude de l'arithmétique et même des mathématiques à tous les degrés.

Mes méditations à cet égard, ma propre expérience aidant, ont eu pour résultat de me dévoiler les secrets de la pratique, et de me faire connaître l'ordre et la nature des fonctions de chacun des organes, à l'aide desquels nous acquérons les avantages qui ont fait l'objet de mes recherches.

En effet, j'ai été amené à reconnaître que les chiffres forment entre eux des unions qui, par la pratique, nous deviennent familières sous le double rapport de leurs aspects et des sons qui résultent de l'énoncé de leurs sommes et de leurs produits; que ces circonstances d'aspects et de sons, en raison des nombreuses variantes occasionnées par l'extrême mobilité des chiffres présentés à nos regards, ne sauraient frapper notre esprit, qu'après de nombreuses années d'exercice, et encore à notre insu ;

Que l'œil et l'oreille sont conséquemment les principaux agents du calcul; que la mémoire n'est en quelque sorte que le réservoir des idées acquises par le fonctionnement de ces deux agents; enfin que les difficultés que nous rencontrons dans l'enseignement et l'exécution du calcul, sont dues au mauvais emploi que nous faisons de ces organes, et résultent aussi, de ce que nous abandonnons au hasard le soin de nous révéler l'existence des unions et des sons dont il est parlé ci-dessus.

Ces observations générales ne sont, du reste, que la conséquence de celles qui vont suivre, et auxquelles m'a conduit cette argumentation :

« Par chacune des quatre opérations de l'arith- » métique, nous nous proposons de découvrir un » nombre inconnu à l'aide de deux nombres placés » sous nos yeux ou connus de nous.

» En raison des limites étroites de nos facultés, » nous sommes obligés de procéder partiellement » à cette recherche, afin que notre travail d'ap- » préciation ne se porte plus que sur trois nombres » aussi restreints que possible.

» Or, pour devenir promptement habile calcula- » teur, il suffisait de trouver un moyen pratique de » grouper ces trois derniers nombres dans l'esprit » des élèves, d'une manière inséparable, c'est-à-dire » de telle sorte, que l'inconnu se révèle instan- » tanément par la présence ou l'énoncé des deux » autres. »

Pour arriver à ce résultat, j'ai dû faire l'analyse des quatre opérations de l'arithmétique, travail qui m'a fourni conjointement, avec ma longue expérience, tous les éléments de ma méthode, et m'a fait faire les remarques suivantes qui, pour être fort simples, n'en sont pas moins l'idée mère de mon procédé.

Je prends pour exemple cette addition :

3
4
8
3
9
6

D'abord la vue seule des chiffres $\frac{3}{4}$, sans aucune espèce de travail d'esprit ni de raisonnement, détermine subitement en moi l'idée de 7; seulement je m'étonne de trouver aussi facilement les sommes de 7 et 8, de 15 et 3, de 18 et 9, de 27 et 6, bien que je n'aie pas sous les yeux les nombres 7, 15, 18 et 27; mais pour peu que je réfléchisse, je ne tarde pas à m'apercevoir qu'en prononçant ces nombres à haute voix, ils m'ont affecté l'ouïe de différents sons qui m'aident à en rétablir la forme dans la pensée, forme que je n'ai pu concevoir qu'en suite du fonctionnement antérieur du coup d'œil.

D'un autre côté si je compare cette même addition à la suivante, après les avoir décomposées ainsi :

```
3 } 7 }
4 }     } 15 }
8 - 8  }      } 18 }
3 ——————— 3 }      } 27 }
9 —————————— 9 }      } 35
6 ————————————— 6 }

8 } 17 }
9 }      } 25 }
8 -- 8  }      } 28 }
3 ——————— 3 }      } 37 }
9 —————————— 9 }      } 45
6 ————————————— 6 }
```

J'observe tout d'abord qu'en faisant aussi ces deux additions à haute voix, l'œil et l'oreille sont simultanément frappés d'aspects et de sons qui se renouvellent à peu près semblables à chaque rencontre des mêmes unités simples, et qui ne diffèrent qu'en ce qui concerne les dizaines, dont l'influence est trop peu sensible pour détruire ou même affaiblir cette similitude des aspects et des sons.

D'où je conclus que si l'aspect de $\genfrac{}{}{0pt}{}{7}{8}$ éveille en moi l'idée de 15, les idées de 25, 35, 45, 55, etc., ne sauraient me faire défaut à la vue des aspects $\genfrac{}{}{0pt}{}{17}{8}$ $\genfrac{}{}{0pt}{}{27}{8}$ $\genfrac{}{}{0pt}{}{37}{8}$ $\genfrac{}{}{0pt}{}{47}{8}$; il en est ainsi de toutes les unions formées des neuf chiffres appartenant aux unités du premier ordre.

Ces circonstances bien connues, il nous devient extrêmement facile de déterminer toutes les sommes imaginables, puisque l'adjonction des dizaines aux unités, n'est plus qu'une chose d'ordre que nous apprenons sans peine à connaître par la seule nomenclature de 10, 20, 30, 40, 50, etc. L'addition ne s'opérant, du reste, que par colonne et chiffre par chiffre, nous ne pouvons avoir, en aucun cas, qu'une dizaine à ajouter à la fois aux dizaines déjà obtenues.

C'est par un travail analogue des mêmes organes, mais beaucoup plus facile encore, que nous faisons la multiplication dans la pratique.

En effet, l'union formée par deux facteurs partiels quelconques, n'affecte plus l'œil que d'un aspect simple, uniquement composé de deux chiffres des unités du premier ordre. Par exemple, l'aspect de $\begin{smallmatrix}6\\8\end{smallmatrix}$ n'éveille en moi, dans la multiplication, que l'idée de 48, tandis que dans l'addition, il fait naître les idées de 14, 24, 34, 44, 54, etc.

La soustraction et la division s'opérant d'après des conséquences que nous tirerons des principes mêmes de l'addition et de la multiplication, j'ai dû borner mes recherches aux remarques faites sur ces dernières; car lorsque par suite des exercices auxquels je l'aurai soumis, mon élève sera parvenu à grouper inséparablement dans son esprit les idées de 14 comme somme et de 48 comme produit, à l'idée unique de l'aspect $\begin{smallmatrix}8\\6\end{smallmatrix}$, l'absence de l'un de ces chiffres ainsi accouplés lui sera subitement et instinctivement révélée par la présence de 14 et de 6 ou 8 dans la soustraction, de 48 et de 6 ou 8 dans la division. Le chiffre 6 absent est en effet l'excès de 14 sur 8, le quotient de 48 divisé par 8, de même que 8 est la différence de 14 et 6, le quotient de 48 par 6.

La pratique m'a donc appris que l'œil grave dans l'esprit, la forme des nombres présents, et que l'esprit, secondé par l'oreille, rappelle la forme des nombres absents; et comme ces nombres sont variés à l'infini dans les opérations d'arithmétique, il en résulte que notre œil et notre esprit n'acquièrent cette subtilité, qui fait l'habile calculateur, qu'après de nombreuses années d'exercice.

Dans ma méthode, au contraire, au moyen de cette similitude d'aspects et de sons que j'ai réduits à quarante-cinq, et de leur fixité, je procure aux élèves, en très-peu de temps, l'expérience de ces années d'exercice.

Toutes les difficultés du calcul vont donc se trouver réduites, à peu de chose près, à l'appréciation des aspects, au nombre de quarante-cinq, formés des unions de chaque chiffre à lui-même et aux huit autres, et à la direction à donner aux exercices de l'œil et de l'oreille, chargés de déterminer cette appréciation.

Dès ce moment, je suis pourvu de lumières suffisantes pour résoudre le problème que je me suis proposé, à savoir quel est le moyen pratique d'enseigner, en très-peu de temps, à déterminer, sans aucune espèce de recherche, c'est-à-dire instantanément, chaque partie de la somme, de la différence, du produit et du quotient de deux nombres quelconques placés sous nos yeux ou connus de nous.

Mais comme notre mode actuel d'enseignement présente des errements qui deviendraient des écueils s'ils étaient introduits dans ma méthode, je crois devoir les signaler avant de formuler et d'expliquer mon procédé.

Avant d'aller plus loin, je dois déclarer que je n'entends point faire ici la critique des théories appliquées à l'arithmétique : ces théories ne sont point de mon sujet.

Je veux seulement faire de mes élèves des calculateurs habiles avant de leur enseigner la science proprement dite, pour laquelle, du reste, ils auront ensuite beaucoup plus d'aptitude et surtout beaucoup plus de goût.

Cette marche, qui est incontestablement logique, se trouve, au surplus, en parfaite harmonie avec celle que nous suivons pour l'enseignement des lettres; car de même qu'il faut apprendre à lire avant d'étudier la grammaire, il faut apprendre à calculer avant d'étudier l'arithmétique, qui n'est autre que la grammaire des sciences mathématiques.

Cela convenu, je passe en revue toutes les arithmétiques et les méthodes qui me sont connues. Suivant les plus explicites : « l'addition d'un nombre » quelconque avec un nombre simple, se fait en » décomposant le plus petit en ses unités et les » ajoutant successivement à l'autre. Par exemple, » pour ajouter 8 avec 5, on décompose 5 en 1 » + 1 + 1 + 1 + 1, et pour obtenir la somme on » dit 8 + 1 = 9; 9 + 1 = 10; 10 + 1 = 11; » 11 + 1 = 12; 12 + 1 = 13.

» Pour faire l'addition des nombres composés, il » faut les écrire les uns sous les autres, et après » avoir souligné le tout, il faut faire la somme des » unités, des dizaines, etc.

Exemple : 835
708
864
———
Somme. 2407

» Après avoir disposé et souligné ces nombres » comme ci-dessus, on commence par les unités » en disant : 5 et 8 font 13, et 4 font 17, ainsi » de suite. »

Comment l'élève saura-t-il que 5 et 8 font 13 et 4 font 17? Rien dans les arithmétiques et les méthodes que j'ai consultées, ne l'indique, sinon en décomposant les nombres 5 et 4 en leurs unités pour les ajouter successivement à 8 et à 13, soit par écrit, soit en comptant sur ses doigts.

La soustraction, la multiplication et la division nous sont enseignées par de semblables moyens, bons sans doute pour la démonstration, mais également impuissants pour faire d'habiles calculateurs. La pratique nous signale l'œil et l'oreille comme les premiers agents de la célérité. C'est donc à tort que nos méthodes donnent, sous ce rapport, la priorité à la mémoire et au raisonnement, qui n'ont, en résultat, que le triste privilége d'ennuyer fort les enfants, et d'exciter en eux le plus profond dégoût pour les leçons de calcul.

Nous faisons conséquemment fausse route, au point de vue de l'habileté, toutes les fois que nous apprenons aux enfants à calculer sur leurs doigts, ou au moyen de tableaux présentant les nombres gradués par l'addition de l'unité à elle-même et successivement de 1 à 100.

EXEMPLE :

1 et 1 font 2			2 et 2 font 4		
2 — 1 — 3	ou		4 — 2 — 6		
3 — 1 — 4			6 — 2 — 8		

Dans ces sortes d'exercices la mémoire fonctionne presque à l'exclusion de l'œil, qui, cependant, est appelé à graver en nous les signes représentatifs des nombres sur lesquels nous aurons à opérer. Changez l'ordre de ces chiffres, supprimez leurs sommes, et l'élève ne vous dira aucune de ces sommes sans compter sur ses doigts.

Comment, en effet, un enfant qui n'apprend à former les nombres que par l'unité, pourrait-il faire la moindre addition sans compter de cette manière? il est impossible qu'il puisse dire la somme de 6 et 8, par exemple, sans ajouter, comme on le lui a montré, 1 à 6 pour former 7; 1 à 7 pour faire 8 et ainsi de suite.

D'un autre côté, en offrant à l'élève des comptes tout faits, ces tableaux dispensent son esprit de les composer lui-même, comme aussi les chiffres n'y étant point présentés dans l'ordre voulu pour opérer l'addition, l'idée de la forme et l'idée des nombres ne sauraient lui être communiquées par l'organe de la vue, qui ne joue qu'un rôle très-secondaire.

Il en est de même des tables de multiplication qui sont faites dans la même forme et que nous faisons apprendre par cœur.

Exemple :

2 fois 2 font 4	3 fois 3 font 9
2 — 3 — 6	3 — 4 — 12
2 — 4 — 8	3 — 5 — 15
2 — 5 — 10	3 — 6 — 18

Cet ordre successif et régulier et la présence des produits rendent aussi l'esprit paresseux et inactif, et nous éloignent, en nous dispensant de toute recherche, du but qu'on se propose.

Quand l'élève sait, sans manquer, cette dernière table par cœur, il ne peut, de longtemps, faire aucune multiplication, sans avoir cette table sous les yeux, ou bien sans la réciter mentalement jusqu'à ce qu'il arrive aux facteurs du produit cherché. Ainsi, par exemple, a-t-il à multiplier 3 par 9, il dira, nécessairement, 3 fois 3 font 9; 3 fois 4 font 12; 3 fois 5 font 15....., et enfin 3 fois 9 font 27.

D'un autre côté, l'incertitude de son appréciation des sommes et des produits, lui rend la soustraction et la division extrêmement laborieuses.

Je le répète, tous ces comptes faits, toutes ces sommes et produits qu'on fait apprendre au tableau ou par cœur aux enfants, dans un ordre successif et régulier, ne les obligent à aucune tension d'esprit, ni à aucune application sérieuse des yeux; et les connaissances qu'ils acquièrent ainsi, sont aussi fragiles que la mémoire elle-même, alors que l'organe de la vue ne lui a point prêté un concours actif; nous éviterons donc avec le plus grand soin la routine et le par cœur, qui donnent bien évidemment lieu à cette difficulté que nous éprouvons à faire le moindre calcul mental, c'est-à-dire autrement que la plume à la main. Cela est si vrai, que nous voyons des gens sans instruction montrer plus d'habileté pour ces calculs de tête, que la plupart de nos mathématiciens, et cela, précisément, parce que ceux-là ne peuvent s'exercer au calcul que sur des objets dont la forme frappe leurs regards, tandis que la routine et le par cœur ne nous lèguent aucune idée de l'aspect et de la valeur des nombres.

Aussi, me suis-je appliqué, dans ma méthode, à donner aux élèves une idée de cet aspect, aussi juste que s'il s'agissait de meubles placés dans leurs appartements, et, par là, à les mettre à même de calculer mentalement avec une grande supériorité.

L'étude par décomposition et recomposition des nombres au moyen de l'unité, ne nous permet de calculer que par induction, par raisonnement et ensuite par la mémoire, toutes choses lentes et incertaines qui font du calcul une science abstraite et laborieuse, tandis que ma méthode en fait une science aussi positive, aussi matérielle que la géographie étudiée sur les cartes et que l'histoire naturelle apprise sur les dessins représentant la forme des plantes et des animaux.

D'où il suit que ce moyen lent et incertain, employé dans les écoles, limite le travail des élèves à un très-petit nombre de calculs souvent faux et toujours pénibles. Mes élèves agissant avec l'aplomb que donne la rectitude du coup d'œil, font en une heure, sans aucune espèce de fatigue, plus d'opérations que n'en font ordinairement les écoliers dans un mois.

L'esprit n'étant plus que l'agent auxiliaire des organes de la vue et de l'ouïe, n'éprouve point cette fatigue dont se plaignent les calculateurs, même les plus habiles, à l'occasion de leurs travaux, qui ne sont qu'un jeu, qu'un amusement pour mes élèves.

Ma méthode, tout en procurant immédiatement plus de célérité et d'exactitude, aura donc l'avantage d'épargner la santé du calculateur, souvent compromise par l'échauffement qu'occasionnent toujours les opérations.

D'après toutes ces observations, ne voulant rien abandonner exclusivement à la mémoire de l'élève, afin d'astreindre plus particulièrement à l'attention le regard et l'ouïe, j'ai composé le petit tableau ci-après, qui déjoue la routine, et présente tous les aspects possibles des neuf chiffres formant les unités du premier ordre; tableau qui renferme les éléments des quatre premières opérations de l'arithmétique, et qui sert d'introduction à d'autres tableaux sur l'intelligence desquels je donnerai, dans l'application, les développements nécessaires.

<table>
<tr><td>3
4</td><td>2
7</td><td>2
4</td><td>3
6</td><td>2
5</td><td>2
3</td><td>2
6</td><td>4
5</td><td>3
5</td></tr>
<tr><td>7
8</td><td>6
8</td><td>3
7</td><td>8
9</td><td>3
8</td><td>7
9</td><td>5
6</td><td>6
9</td><td>4
6</td></tr>
<tr><td>2
9</td><td>2
8</td><td>4
9</td><td>5
8</td><td>4
8</td><td>5
9</td><td>6
7</td><td>3
9</td><td>5
7</td></tr>
<tr><td>4
7</td><td>1
8</td><td>1
2</td><td>1
5</td><td>1
9</td><td>1
3</td><td>1
6</td><td>1
4</td><td>1
7</td></tr>
<tr><td>3
3</td><td>7
7</td><td>5
5</td><td>2
2</td><td>8
8</td><td>4
4</td><td>6
6</td><td>9
9</td><td>1
1</td></tr>
</table>

Ce tableau n'indique ni somme, ni reste, ni produit, et, par cela même, a le mérite, tout en activant l'action de l'œil et de l'oreille, d'exciter continuellement l'amour-propre et la curiosité des élèves, qui s'en amusent comme d'un jeu récréatif, heureux qu'ils sont de pouvoir dire sans hésiter, après quelques leçons, la somme et le produit de deux chiffres qu'on leur montre.

Chaque aspect du tableau, indépendamment du nom particulier de chacun de ses chiffres, reçoit deux noms d'ensemble qui en représentent la somme et le produit, dont l'absence est précisément ce qui oblige l'élève à une application constante du regard et de l'ouïe, organes qui ont mission de lier dans l'esprit, l'un par l'aspect et l'autre par le son, l'idée des nombres à celle de leurs sommes et l'idée des facteurs à celle de leurs produits.

Or, dès que mes élèves connaissent parfaitement ces noms d'ensemble pour tous les aspects du tableau, ce qui n'est pas très-long à apprendre, ils sont bientôt à même de faire habilement et sûrement les quatre opérations du calcul, puisque, par chacune d'elles, je le répète, nous nous proposons de découvrir partiellement un nombre inconnu à l'aide de deux nombres connus, et que ces trois nombres, par les exercices du tableau, se groupent dans la pensée de telle sorte que l'inconnu est instantanément signalé par la présence ou l'énoncé des deux autres.

Pour rendre cette assertion plus sensible, nous allons donner quelques détails sur chaque règle en particulier, avant de nous livrer à l'étude des tableaux et des opérations qui seront l'objet de la seconde partie de cet ouvrage.

DE L'ADDITION.

J'ai déjà dit que l'énoncé de la somme de chaque aspect, affecte notre oreille d'un son qui se renouvelle dans toutes les rencontres des deux chiffres qui ont frappé nos regards ; ainsi $\genfrac{}{}{0pt}{}{13}{4}$ $\genfrac{}{}{0pt}{}{23}{4}$ $\genfrac{}{}{0pt}{}{33}{4}$, comme $\genfrac{}{}{0pt}{}{3}{4}$, donnent en final le son 7 dans l'énoncé de leurs sommes 17, 27, 37 ; $\genfrac{}{}{0pt}{}{12}{7}$ $\genfrac{}{}{0pt}{}{22}{7}$ $\genfrac{}{}{0pt}{}{32}{7}$, comme $\genfrac{}{}{0pt}{}{2}{7}$, donnent le son 9 dans 19, 29, 39. Il en est de même de tous les aspects du tableau.

Il est inutile de dire que les enfants comprennent sans peine cette similitude de sons et d'aspects au deuxième exercice, lequel consiste à leur faire exécuter, sur chaque aspect, une récitation à haute voix, pareille à celle que l'on fait sur le premier, dans ces termes : 3 et 4, 7 ; 13 et 4, 17 ; 23 et 4 27 ; 33 et 4, 37..., 93 et 4, 97 ; puis, transposant l'ordre des chiffres du même aspect, ces enfants diront aussi bien 4 et 3, 7 ; 14 et 3, 17 ; 24 et 3, 27 ; 34 et 3, 37.... ; 94 et 3, 97.

Mes élèves acquièrent donc, par le coup d'œil, une idée extrêmement juste des aspects $\genfrac{}{}{0pt}{}{3}{4}$ $\genfrac{}{}{0pt}{}{2}{7}$ ..... $\genfrac{}{}{0pt}{}{13}{4}$ ou $\genfrac{}{}{0pt}{}{14}{3}$ $\genfrac{}{}{0pt}{}{12}{7}$ ou $\genfrac{}{}{0pt}{}{17}{2}$, et, par l'ouïe, des idées non moins infaillibles de leurs sommes 7, 9, 17, 19....... Ces idées deviennent tellement intimes entre elles et inséparables, que la conception des sommes ou noms d'ensemble 7, 9, 17, 19........, est aussi prompte que l'énoncé ou la vue des chiffres composant les aspects ci-dessus. De là cette prestesse et cette exactitude extraordinaires que l'on remarque chez mes élèves.

Qui donc ne comprendra pas qu'un enfant en quelques semaines, sinon en quelques jours, puisse apprendre à connaître les sommes ou noms d'ensemble des quarante-cinq aspects dont se compose le tableau ci-dessus, et qu'au moyen des exercices que je lui fais faire sur ces mêmes aspects, augmentés des dizaines, qui ne changent d'ailleurs aucunement le son final de leurs sommes, ce même enfant sera à même, en très-peu de temps, de faire l'addition aussi vite que la pensée ?

Du reste, l'expérience que j'ai faite de ma méthode et les brillants résultats que j'en ai obtenus, protesteront toujours contre toute dénégation à laquelle pourraient donner lieu la malveillance, le mauvais vouloir ou l'incurie.

Qu'il s'agisse, pour mon élève, de faire cette addition :

3
4
9
6
8

il n'hésitera pas à dire 3 et 4, 7; le seul énoncé de 7 + 9 fera naître aussitôt en lui l'idée de 16, et, comme il ne sait pas moins bien les noms d'ensemble de $\frac{16}{6}$, de $\frac{22}{8}$, il posera sans balancer 30 au total. D'ailleurs, pour aller plus vite, il fera cette addition sans prononcer les chiffres autrement que par leurs sommes, c'est-à-dire en ces termes : 7, 16, 22, 30.

DE LA SOUSTRACTION.

Par la soustraction on cherche la différence de deux nombres dont l'un est la somme de l'autre et de la différence cherchée. Dès lors, par l'étude du tableau qui précède, mes élèves étant parvenus à grouper inséparablement dans leur esprit deux nombres quelconques d'unités simples et leur somme, trouveront aussi facilement l'un de ces deux nombres que cette somme. Si vous leur demandez, par exemple, quelle est la différence de 3 et de 7, c'est comme si vous leur demandiez, quel est le chiffre qui, uni à 3, forme le groupe appelé 7; certes ils n'hésiteront pas plus à vous répondre 4, qui est bien la différence de 3 à 7, qu'ils n'hésiteraient à vous dire ce qui manque d'un couteau dont on aurait enlevé la lame ou le manche.

Pour eux la soustraction et l'addition se font par un travail unique, qui consiste, dans l'une comme dans l'autre opération, à trouver l'un de trois nombres qui ne se séparent jamais, et dont deux sont offerts à leurs yeux, ou prononcés dans le calcul mental, ce qui est la même chose à leur égard.

Aussi, est-ce sous forme d'addition que mes élèves exécutent la soustraction.

Par exemple, ayant à trouver la différence des nombres :

9514
3492

ils diront, en commençant par le chiffre inférieur de droite : 2 et 2 que je pose 4; 9 et 2 = 11; 5, y compris la retenue qui ne se prononce pas, et 0 = 5; 3 et 6 que je pose = 9.

On conçoit que cette opération ne demande que le temps de poser les chiffres, puisque, pour mes élèves, les idées de 2 + 2, de 9 + 2, etc., sont inséparables des idées de 4 et de 11.

DE LA MULTIPLICATION.

J'ai dit que le tableau ci-dessus contient les éléments des quatre opérations de l'arithmétique; appliqué à la multiplication, il présente réellement tous les facteurs partiels possibles, puisque chacun des 9 chiffres s'y trouve uni à lui-même et au huit autres.

Tous les aspects du tableau étant devenus familiers à l'élève par suite des exercices précédents, il ne s'agit plus que de frapper son oreille du son résultant de l'énoncé du produit ou nom d'ensemble de chaque aspect, afin d'établir dans son esprit, comme pour l'addition, une sorte de lien indivisible, des facteurs et du produit, de manière qu'en très-peu de temps l'élève puisse dire tous les produits au seul aspect ou énoncé des facteurs. Comme il est à même d'ajouter sans peine à chaque produit partiel la retenue faite sur le produit précédent, la multiplication lui devient bientôt d'une extrême facilité.

L'absence des produits et le désordre qui règne dans le classement des facteurs, en détruisant la routine, obligent, comme dans les exercices de l'addition, l'œil et l'oreille à une attention soutenue, et astreignent la mémoire à n'être plus que la dépositaire des résultats du travail de ces deux organes. Il en résulte aussi, pour l'élève, une surexcitation de curiosité et d'amour-propre, qui soutient son zèle et lui procure les jouissances inséparables du succès; circonstances qui ne sont pas sans influence sur les heureux résultats de la méthode.

Que mon élève ait à faire cette multiplication :

$$\begin{array}{r} 468 \\ 69 \\ \hline 4212 \\ 2808 \\ \hline 32292 \end{array}$$

Comme il reconnaît parfaitement à l'aspect chaque union de facteurs, il en dira facilement le nom d'ensemble ou produit, et fera la multiplication ci-dessus en ces termes :

« 72 et (après avoir posé 2), je retiens 7 ; 54, 61
» (il posera 1), je retiens 6 ; 36, 42 que je pose.
» Puis, passant aux dizaines du multiplicateur,
» il prononcera 48 (posera 8), je retiens 4 ; 36,
» 40 (posera 0), je retiens 4 ; 24, 28 que je pose. »

DE LA DIVISION.

La division se compose de trois parties en tout semblables à celles de la multiplication ; c'est-à-dire que le dividende n'est autre qu'un produit, le diviseur un facteur et le quotient l'autre facteur du produit. Ces trois parties étant intimement liées dans l'esprit de mon élève, celui-ci ne saurait voir ou entendre prononcer deux de ces parties, sans qu'à l'instant même la troisième ne se révélât à lui. Or, la recherche de chaque quotient partiel, lui est extrêmement facile. Le reste de la division n'étant plus qu'une suite de multiplications et de soustractions, ne peut l'embarrasser.

La seule difficulté de la division consiste donc, pour lui, dans l'appréciation de l'influence que peut exercer chaque chiffre du diviseur sur le chiffre précédent, en raison des dizaines à reporter d'un produit partiel sur un autre. On verra, ci-après, des exercices qui aplanissent complétement cette difficulté.

Pour bon nombre de lecteurs, ce que nous avons donné d'explications dans cette première partie, suffira pour leur faire comprendre l'esprit de la méthode ; mais, comme cet ouvrage doit se trouver un jour dans une infinité de mains plus ou moins habiles, plus ou moins intelligentes, nous allons entrer dans des détails plus minutieux et surtout plus pratiques, afin que toute personne, sachant lire et chiffrer, soit à même d'être son propre instituteur et celui de ses enfants.

DEUXIÈME PARTIE.

APPLICATION.

CONDITION DU SUCCÈS.

Ne passons jamais d'une ligne, d'un tableau, d'une leçon, d'une opération quelconque à une autre, qu'après une parfaite exécution de chaque exercice.

CHAPITRE Ier.

Numération pratique ou lecture des nombres.

J'ai dit, précédemment, qu'aucune théorie d'arithmétique n'est entrée dans le plan de ma méthode; que son but unique consiste à combler une lacune dans l'enseignement, au point de vue de la pratique, de l'habileté. Je ne m'occuperais même pas de numération, s'il n'était nécessaire de savoir lire les nombres pour suivre avec succès mes exercices de calcul.

D'ailleurs, quand mes élèves savent habilement calculer, l'appréciation des nombres leur devient tellement facile, qu'en très-peu de temps, ils peuvent apprendre toute la théorie de la numération, dont ils ont appris, par la pratique, la partie essentielle. Je laisse, conséquemment, aux traités d'arithmétique le soin de leur en apprendre davantage s'il en est besoin. Toutefois, je recommande expressément aux instituteurs qui adopteront ma méthode, de n'enseigner aucune théorie à leurs élèves, avant de leur avoir fait suivre tous mes exercices qui, du reste, notamment dans les additions, leur donnent des connaissances aussi étendues que possible de la composition et de la décomposition des nombres : si donc les élèves savaient lire les nombres jusqu'aux centaines inclusivement, on n'aurait point à s'occuper de cette numération et l'on passerait immédiatement aux exercices de ma méthode, qui ne commencent qu'au chapitre II. Dans le cas contraire on leur enseignerait cette lecture d'après l'esprit de cette méthode, c'est-à-dire en subordonnant l'action de la mémoire à celle de l'œil qui, je ne saurais trop le répéter, est le principal moteur du calcul.

Dans cette vue, j'ai composé divers tableaux qui, en déjouant la routine, exigent de l'œil une attention d'autant plus soutenue que les nombres n'y sont point présentés suivant l'ordre dans lequel les enfants apprennent à compter. *(Voir le tableau n° 1.)*

PREMIER EXERCICE.

Les élèves auxquels il est nécessaire d'apprendre cette espèce de numération, étant toujours peu nombreux dans une école, on emploiera l'enseignement individuel pour l'étude des quatre premiers tableaux.

Je place ces élèves en face d'un tableau noir sur lequel j'ai écrit à la craie blanche, en très-gros caractères, les chiffres de la première ligne du tableau imprimé n° 1.

Je leur montre avec une baguette le premier de ces chiffres, et je leur dis qu'il se nomme 4; chacun d'eux répète alternativement ce nom; je leur montre de même le deuxième, que je leur nomme. Je leur fais répéter ces deux chiffres à tous; après quoi, je montre et je nomme le troisième; je fais répéter les trois, allant, pour l'un des élèves, de droite à gauche, et, pour un autre, de gauche à droite; j'en agis de même pour les suivants, tout en m'assurant par des questions faites sur les noms des chiffres intermédiaires, que tous les élèves les connaissent, non par cœur, mais bien par leurs formes. Je leur apprends ensuite à écrire ces chiffres au tableau sous ma dictée et avec toute sorte d'inversions. J'écris la seconde ligne sous la première, comme au tableau n° 1, et j'explique que 4 accompagné d'un chiffre quelconque à sa droite, vaut 4 dizaines, c'est-à-dire 4 fois 10 ou 40; de même que 9 vaut 9 dizaines, 9 fois 10 ou 90, etc.

Je fais réciter ces deux premières lignes à chaque élève en ces termes : 4 font 40, 9 font 90, 2 font 20...., 3 font 30.

Si l'élève hésite, je répète à sa place, et je le fais recommencer. En général, pour l'étude de tous mes tableaux, dès que j'ai montré et nommé à l'élève un nombre ou un aspect, le cinquième, par exemple, je reprends le premier; de celui-ci je passe à ce cinquième, de là au deuxième, pour revenir encore au cinquième, que je fais toujours répéter après chacun des précédents, de manière qu'arrivé au dernier, la ligne entière soit parfaitement sue, tout en évitant la routine et le par cœur.

Après m'être assuré que la valeur de chacun des nombres des deux premières lignes est bien connue de tous les élèves, je transcris les 9 autres colonnes du tableau, et je fais remarquer que si 4 accompagné d'un chiffre à sa droite vaut 40, 40 et 7, composant le premier aspect de la troisième ligne, valent 47; que 40 et 2 placés dessous, valent 42, et ainsi de suite en descendant la ligne verticale.

Si l'on ne fait ce dernier exercice qu'après s'être convaincu que les élèves connaissent parfaitement les deux premières lignes, les lignes verticales doivent être apprises dans un instant, excepté la septième composée de 1, 10, 14, 18, etc., qui demandera un exercice un peu plus long, en raison des nombres 14, 13, 16, 15, 12 et 11, dont le son final ne résulte pas, comme pour les autres, de l'énoncé du chiffre qui accompagne chaque dizaine : comme $10 + 8 = 18$. Il est bien entendu que, pour cette colonne comme pour les autres, les nombres devront être décomposés, c'est-à-dire que l'élève sera exercé à dire 10 et 4 font 14; 10 et 8 font 18; 10 et 3 font 13, etc. Cet exercice ainsi fait sur tous les nombres du tableau, aura, d'ailleurs, quelqu'influence sur les études relatives à l'addition. On fera ensuite lire les nombres dans chaque ligne horizontale.

Tant que les élèves ne pourront pas dire tous les nombres du tableau, pris au hasard, on continuera ces exercices de la même manière; ensuite on se bornera à leur en faire dire les sommes, comme 47, 63, etc.

Je leur fais également écrire ces nombres avec des inversions.

Tous les élèves que j'ai entrepris, ne sachant pas un seul chiffre, ont appris à lire ces nombres en 7 ou 8 leçons, la connaissance des deux premières lignes rendant celle des autres lignes d'une extrême facilité.

DEUXIÈME EXERCICE.

Pour passer de cette simple numération à celle des centaines, qui est suffisante pour la lecture de tous les nombres imaginables, divisés par tranches de trois chiffres, je forme un nouveau tableau d'après les principes et les vues du précédent. *(Voir tableau n° 2.)*

L'étude de ce tableau est absolument la même que celle du tableau n° 1, c'est-à-dire que j'explique que si 4 devient 4 dizaines ou 40, en compagnie d'un chiffre à sa droite, il devient 40 dizaines ou 4 centaines ou 400, lorsqu'il est accompagné de deux chiffres. J'exerce les élèves à dire les trois premières lignes en ces termes :

4 font 4 dizaines ou 40; font 40 dizaines ou 4 centaines ou 400; 9 font 9 dizaines ou 90; font 9 centaines ou 900, etc. Je leur fais réciter les

autres lignes verticales en leur faisant observer que les deux chiffres de droite ont les mêmes aspects et les mêmes valeurs qu'au premier tableau. On fera aussi lire les lignes horizontalement. Ils sont également tenus d'écrire ces centaines sous la dictée du maître.

Cet exercice a l'avantage de remémorer les connaissances acquises au premier tableau, dont, dès lors, on peut suspendre la répétition.

C'est seulement après que tous les élèves sauront lire sans hésitation les tableaux n°s 1 et 2, qu'on apprendra à compter de 1 à 100, sur le tableau n° 3, à ceux qui ne sauraient pas.

Ce tableau n'a pas besoin de nombreuses explications; les élèves en liront la première ligne verticale, jusqu'à ce qu'ils puissent la réciter sans la voir, c'est-à-dire par cœur, ce qui ne sera pas long pour eux, qui connaissent parfaitement les nombres dans leurs formes et leurs significations. Après cette ligne, on leur fera lire et ensuite réciter par cœur la première ligne commençant par 10, 11, 12, etc.; ainsi de suite pour les autres lignes.

C'est le seul tableau qui doive être appris par cœur, encore n'est-ce toujours qu'à l'aide de l'organe de la vue.

Aussitôt que les élèves pourront compter de 1 à 100, on leur fera lire et réciter toutes les lignes verticales, afin que dans l'addition ils ne se trompent pas sur l'ordre progressif des dizaines.

10, 20, 30, 40 90
11, 21, 31, 41 91

Les élèves sachant compter et lire les nombres jusqu'aux centaines inclusivement, seront appliqués à la lecture du quatrième tableau. On leur fera connaître que dans chaque colonne, appelée tranche, les nombres se lisent séparément sans égard à ceux qui se trouvent dans les autres colonnes; que seulement, après l'énoncé des nombres écrits dans une colonne, on doit dire le nom de cette colonne; ainsi, la première ligne serait exprimée en ces termes : trois cent quatre unités; la deuxième : trois mille huit unités; les zéros placés à la gauche d'un chiffre quelconque, n'étant employés que pour assigner aux chiffres précédents la place qui leur convient, n'ont aucune espèce de valeur, et doivent être passés sous silence.

Les élèves seront exercés de temps à autre à cette numération pratique, jusqu'à ce qu'ils soient à même de lire tous les résultats des opérations qu'ils auront à faire, d'après les exercices de la méthode. Du reste, le maître aura soin de leur dicter des nombres sur un tableau noir, afin de s'assurer qu'ils ont retenu l'ordre et les noms des tranches du tableau n° 4, susceptible, d'ailleurs, d'une infinité de variantes.

CHAPITRE II.

Addition de deux nombres simples.

PREMIER EXERCICE DE LA MÉTHODE.

(Voir le tableau n° 5.)

Enseignement individuel avec ou sans maître.

Je prends l'élève, quel que soit son âge, dès qu'il sait compter, lire et écrire les nombres de 1 à 100.

Je le place en face d'un petit tableau noir, sur lequel j'ai copié à la craie le tableau imprimé n° 5, y compris les sommes marginales, sans les produits.

Je lui montre le premier aspect $\frac{3}{4}$ et je lui en fais dire trois ou quatre fois de suite, à haute voix et vivement, les nombres et la somme en ces termes : 3 et 4, 7. Dès que je suppose que son œil et son oreille sont suffisamment frappés de l'aspect et du son résultant de l'union de ces deux chiffres, je lui fais effacer le chiffre 7, et lui fais réciter de la même manière les deux aspects suivants ; exemple : 2 et 7, 9 ; 3 et 4, 7. Il répétera ensuite ces trois aspects, et effacera le chiffre 9. On lui fera dire les trois aspects $\begin{smallmatrix}2&2&3\\4&7&4\end{smallmatrix}$ — ; les six aspects appris seront répétés, après quoi on effacera le chiffre 6.

Les lignes suivantes seront apprises comme il vient d'être expliqué. Dès la ligne contenant quatre aspects, on pourra se dispenser de répéter les lignes antérieures ; mais il faudra réciter trois ou quatre fois de gauche à droite et de droite à gauche, tous les aspects d'une ligne, avant d'effacer la somme marginale du premier aspect de cette ligne.

Si l'élève éprouvait la moindre hésitation à nommer un aspect dont on aurait effacé la somme, ce qui ne saurait avoir lieu, du reste, si l'on ne quitte une ligne qu'après plusieurs répétitions, il faudrait rétablir cette somme au tableau, et répéter les lignes antérieures à partir de celle qui commence par l'aspect sur lequel il aurait hésité.

La ligne récapitulative sera dite en ces termes : 3 et 4, 7 ; 4 et 3, 7 ; sur le premier aspect ; 2 et 7, 9 ; 7 et 2, 9 ; sur le second, etc.

Quant à la dernière ligne, on fera remarquer à l'élève que les aspects en sont les mêmes que les précédents dans un ordre renversé ; que leurs sommes sont conséquemment identiques. On les lui fera dire comme les autres.

J'insiste pour que les nombres et les sommes de tous les tableaux, soient prononcés à haute voix, et avec la plus grande vivacité.

Les quatre autres parties de ce tableau seront étudiées de même. Les lignes récapitulatives et répétées ne seront quittées qu'autant que l'élève en dira toutes les sommes sans hésitation.

On voit que ces exercices peuvent avoir lieu sans le secours du maître, dont la présence n'aura d'autre but que d'exciter le zèle et la vivacité du récit de l'élève; d'où il suit que toute personne raisonnable peut faire ces exercices sans maître.

DEUXIÈME EXERCICE.

(Voir tableau n° 6.)

Ce tableau, qui est la racine des précédents, en est aussi la récapitulation.

Si ceux-ci ont été convenablement étudiés, le deuxième exercice ne doit aucunement embarrasser l'élève.

Bien que l'élève, par les exercices antérieurs, soit à même de dire toutes les sommes du tableau n° 6, il n'en devra pas moins être astreint aux récitations en vue desquelles ce tableau a été fait, c'est-à-dire comme exercice du coup d'œil.

Ces récitations sont de trois sortes, et auront lieu en ces termes :

1° 3 et 4, 7; 2 et 7, 9; 2 et 4, 6; ainsi de suite;

2° 3, 7, sur le premier aspect; 2, 9, sur le deuxième; 2, 6, sur le troisième; etc.;

3° Enfin en ne prononçant plus que les sommes 7, 9, 6, etc.

Ce tableau étant la base de tous les autres, on ne saurait trop y appliquer l'élève. Le temps ainsi employé sera largement compensé par la facilité avec laquelle cet élève apprendra les suivants. On ne devra, dès lors, le quitter, que lorsqu'il pourra être récité promptement et sans faute. Cette récitation est obligatoire pour celui-là même qui, sachant déjà calculer, cherche à devenir plus habile.

CHAPITRE III.

Addition d'un nombre composé et d'un nombre simple.

TROISIÈME EXERCICE.

(7e Tableau en cinq parties.)

Ce tableau est absolument le même que le sixième augmenté des dizaines. Les exercices auxquels il donnera lieu, s'effectueront d'abord par ligne verticale et en ces termes :

Première ligne : 3 et 4, 7; 13 et 4, 17; 23 et 4, 27.... 93 et 4, 97.

Deuxième ligne : 2 et 7, 9; 12 et 7, 19; 22 et 7, 29.... 92 et 7, 99.

Il en sera ainsi de toutes les lignes des cinq parties de ce tableau.

Bien que l'élève doive faire cet exercice sans hésitation dès la première leçon, il y sera néanmoins appliqué tous les jours, jusqu'à ce qu'il puisse lire couramment tous les aspects du tableau par ligne horizontale, ce à quoi il sera exercé dès le lendemain de cette leçon et dans les mêmes termes que ci-dessus ; c'est-à-dire, qu'après avoir dit verticalement toutes les lignes de la première partie, il les redira horizontalement avant de passer à la deuxième partie, qui, comme les suivantes, sera dite de la même manière : on conçoit qu'un élève intelligent peut étudier ce tableau sans maître, et qu'il doit néanmoins le réciter fréquemment, en vue d'exercer l'œil et l'oreille.

Pour que l'élève puisse faire cette récitation horizontale, sans le secours du maître, il suffira que celui-ci lui recommande de jeter d'abord un coup d'œil rapide sur les unités de chaque aspect, en raison du son final de leur somme ; par exemple, on lui fera remarquer que les unités de l'aspect $\genfrac{}{}{0pt}{}{13}{4}$ sont les mêmes que celles de l'aspect simple correspondant de la première ligne $\genfrac{}{}{0pt}{}{3}{4}$; que la somme de l'un comme celle de l'autre, donne le son 7 ; que seulement le premier contient une dizaine qui se prononce séparément, et qu'ainsi, si $\genfrac{}{}{0pt}{}{3}{4}$ font 7, $\genfrac{}{}{0pt}{}{13}{4}$ font 17.

J'insisterai d'autant plus sur la récitation des lignes verticales, qu'elle a pour but de familiariser l'oreille avec les sons résultant de l'énoncé des nombres et de la somme de chaque aspect, et, par suite, de lier inséparablement dans l'esprit ces nombres et leur somme.

On ne doit pas perdre de vue un instant, que l'œil doit graver dans l'esprit les formes des nombres présents, et que l'oreille doit lui rappeler, par le son, les formes des nombres absents, de manière à nous mettre à même d'opérer avec sûreté et prestesse :

c'est là, précisément, l'esprit de la méthode et la cause de son infaillibilité.

Je recommande aussi expressément de ne passer d'une partie de ce tableau à une autre, que lorsque l'élève en fera les exercices sans erreur et sans hésitation.

Dès que l'élève sera suffisamment fort, on lui fera abréger ces exercices de deux manières comme au tableau n° 6, 1° au lieu de dire : 3 et 4, 7 ; 13 et 4, 17 ; il se bornera à ces expressions : 3, 7 ; 13 17 ; 2° il finira par ne plus exprimer que la somme de chaque aspect : 7, 17, etc. ; ces abréviations n'auront lieu que dans la récitation des lignes horizontales.

Les dizaines sans unité n'ayant point trouvé place dans les cinquième et sixième tableaux, se trouvent introduites dans le septième, avec l'adjonction des unités du premier ordre.

Les exercices à faire sur ces nouveaux aspects, ne présenteront aucune difficulté, si l'on se rappelle et si l'on renouvelle ceux du premier tableau.

EXEMPLE :

14, 18, 13, 16, 19, 15, 17, 12, 11. On fera redire à l'élève, en lui montrant les nombres ci-dessus, 10 et 4 font 14 ; 10 et 8 font 18 ; 10 et 3 font 13, etc. ; dès qu'il pourra faire cette récitation sans hésiter, on lui en fera faire une semblable, dans les mêmes termes, sur les aspects suivants : $\genfrac{}{}{0pt}{}{10}{4}$ $\genfrac{}{}{0pt}{}{10}{8}$ $\genfrac{}{}{0pt}{}{10}{3}$ $\genfrac{}{}{0pt}{}{10}{6}$ $\genfrac{}{}{0pt}{}{10}{9}$ $\genfrac{}{}{0pt}{}{10}{5}$ $\genfrac{}{}{0pt}{}{10}{7}$ $\genfrac{}{}{0pt}{}{10}{2}$ $\genfrac{}{}{0pt}{}{10}{1}$; on fera bien de l'exercer de cette manière et alternativement, sur ces deux lignes, et d'y revenir toutes les fois que le besoin s'en fera sentir.

Il ne doit pas lui falloir longtemps pour apprendre les sommes des aspects $\substack{20\\9}$ $\substack{30\\4}$, etc., attendu qu'il suffit de prononcer séparément les nombres de chaque aspect.

Toutefois, on en fera également l'objet d'un exercice pour les aspects et les sons.

QUATRIÈME EXERCICE.

(8 Tableaux en quatre parties.)

Les observations relatives au troisième exercice étant applicables au quatrième, nous ne pouvons qu'y renvoyer le lecteur.

Dès ce moment, si l'on ne s'est pas trop hâté de le faire passer d'une leçon à une autre, et si l'on a fait en sorte qu'il ne puisse rien apprendre par cœur, l'élève doit avoir acquis, par les yeux, l'idée de tous les aspects, et par l'oreille, celle de tous les sons que produit l'énoncé de leurs sommes.

Il est donc en mesure de commencer avec succès l'étude de l'addition.

ENSEIGNEMENT MUTUEL.

Avant de passer à l'addition de plus de deux nombres, nous allons faire connaître, relativement aux leçons qui viennent d'être expliquées sur le tableau n° 6, comment nous y procédons nous-même, avec un grand nombre d'élèves par l'enseignement mutuel.

Nous plaçons au mur et au centre de la salle d'école, un tableau noir ayant environ 1 mètre de hauteur sur 70 centimètres de largeur; 9 petits tableaux de moindre dimension, sont répartis à distances égales sur le pourtour de la salle.

PREMIÈRE LEÇON.

Sur chacun de ces petits tableaux, on écrit à la craie trois aspects seulement de la première ligne du tableau imprimé n° 6.

EXEMPLE :

1er tableau.	2e.	3e.	4e.	5e.
3 2 2 4 7 4	3 2 2 6 5 3	3 2 2 4 7 4	3 2 2 6 5 3	2 4 3 6 5 5

6e.	7e.	8e.	9e.
3 2 2 4 7 4	2 4 3 6 5 5	3 2 2 6 5 3	2 4 3 6 5 5

Au grand tableau qui se trouve au centre des autres, nous inscrivons tous les aspects ci-dessus sans les répéter.

3 2 2 4 7 4	3 2 2 6 5 3	2 4 3 6 5 5

Nous plaçons un élève, quel qu'il soit, devant chacun des 9 petits tableaux. Nous lui apprenons, en les lui répétant trois ou quatre fois, les nombres et les sommes des trois aspects offerts à ses regards, et nous ne le quittons qu'après nous être assuré qu'il connaît ces sommes de manière à ne les point oublier, du moins durant ses fonctions de moniteur.

Ces premières dispositions prises pour les 9 moniteurs, tous les autres élèves sont distribués également en face des 9 petits tableaux; nous disons tous les élèves, même ceux qui connaîtraient déjà, par l'ancienne méthode, les sommes de tous les aspects du tableau, autrement ils se verraient bientôt dépasser, en vitesse et en exactitude, par ceux qui leur sont inférieurs.

Le maître se place ensuite près du tableau central, muni, ainsi que les moniteurs, d'une baguette destinée à montrer aux élèves les aspects dont on voudra leur enseigner les sommes.

Chaque moniteur questionne individuellement et alternativement les élèves de son cercle, en ces termes :

Le premier moniteur, au premier élève de droite, très-vivement : 3 et 4? Si cet élève ignore la somme de cet aspect, le moniteur, sans lui donner le temps de chercher, répond à sa place et à haute voix 7, et renouvelle sa question sur le même aspect; au deuxième élève, il demande 2 et 7? et agit comme pour l'aspect précédent; il en est de même du troisième, à l'égard du troisième élève. Il reprend le premier pour le quatrième élève, ainsi de suite.

Après deux ou trois tours, il pose ses questions sur les trois aspects à chaque élève.

Cet exercice, applicable aux autres cercles, se fait toujours à haute voix, et le plus vivement possible.

Un moniteur général parcourt tous les cercles, afin d'assurer la bonne exécution des exercices, de rappeler à la mémoire des moniteurs particuliers les sommes qu'ils auraient pu oublier, et de maintenir l'ordre et l'harmonie dans les manœuvres dont il va être parlé.

Dès que le moniteur général est convaincu que tous les élèves connaissent parfaitement les sommes des trois aspects de chaque tableau, il en avertit le maître, qui, par un signal convenu à l'avance, prévient les élèves qu'ils vont avoir à changer de tableau.

A cet effet, les élèves de chaque cercle font simultanément et avec le moins de bruit possible, un demi à gauche, et quittent leur tableau, au deuxième signal du maître, pour aller occuper le tableau suivant, excepté le dernier élève de chaque cercle, qui reste au tableau pour remplacer le moniteur parti avec les autres élèves, et qui opère, avec les nouveaux venus, comme son prédécesseur. Il sera lui-même remplacé par le dernier de ces nouveaux venus; ainsi de suite.

De ce premier déplacement, il résulte que le grand tableau du maître se trouve occupé par les élèves du cercle voisin. Comme les moniteurs, le maître questionne ces élèves sur la valeur des trois premiers aspects de son tableau.

Le mouvement indiqué plus haut se continue pendant toute la leçon. Dès que le maître remarque que tous les élèves, qu'il arrêtera au passage, répondent sans faute et sans hésiter à ses questions sur les trois premiers aspects, il en ajoute trois autres, et finit par faire réciter les neuf. De cette manière, il sait si les leçons des moniteurs ont été profitables et bien dirigées.

Les nombres écrits aux divers tableaux, y restent pour le lendemain, et ne sont remplacés par d'autres, qu'autant que tous les élèves en ont répété sans faute toutes les sommes.

DEUXIÈME LEÇON.

Dans ce cas, les neuf aspects de la deuxième ligne du tableau imprimé sous le nº 6, sont répartis aux petits tableaux noirs, comme il suit, après en avoir effacé ceux de la leçon précédente.

1er tableau.	2e.	3e.	4e.	5e.
7 6 3	8 3 7	7 6 3	8 3 7	5 6 4
8 8 7	9 8 9	8 8 7	9 8 9	6 9 6

6e.	7e.	8e.	9e.
7 6 3	5 6 4	8 3 7	5 6 4
8 8 7	6 9 6	9 8 9	6 9 6

Au-dessous de la première ligne du tableau du maître, on inscrit la suivante :

3	2	2	3	2	2	2	4	3
4	7	4	6	5	3	6	5	5
7	6	3	8	3	7	5	6	4
8	8	7	9	8	9	6	9	6

Pendant que les élèves apprennent cette deuxième ligne aux neuf petits tableaux, la première seule ci-dessus est répétée, afin qu'elle ne s'oublie point.

Chaque élève dit trois aspects de suite sans que le maître soit tenu de le questionner ; exemple : 3 et 4, 7 ; 2 et 7, 9 ; 2 et 4, 6 ; le deuxième élève dit les trois suivants de la même manière, etc. Le maître veille à ce que le même élève ne dise pas deux fois de suite les trois mêmes aspects.

La deuxième ligne n'est récitée que sur la fin de la leçon à titre de vérification des progrès obtenus, sauf à la reprendre le lendemain, comme cela a eu lieu pour la première.

Dès que cette première ligne est très-bien sue de tous les élèves, les neuf aspects en sont effacés du grand tableau et répartis sur les petits, qui ont, dès lors, pour la troisième leçon, chacun trois aspects nouveaux, plus un de la première ligne, placé au-dessus des autres.

Exemples :

TROISIÈME LEÇON.

1er tableau.	2e.	3e.	4e.	5e.
3 4	2 7	2 4	3 6	2 5
2 2 4 9 8 9	5 4 5 8 8 9	2 2 4 9 8 9	5 4 5 8 8 9	6 3 5 7 9 7

6e.	7e.	8e.	9e.
2 3	2 6	4 5	3 5
2 2 4 9 8 9	6 3 5 7 9 7	5 4 5 8 8 9	6 3 5 7 9 7

Les quatre aspects de chaque tableau sont récités comme ci-devant. Le tableau du maître reçoit la troisième ligne du tableau imprimé n° 6, et présente les deux suivantes.

7 6 3 8 8 7	8 3 7 9 8 9	5 6 4 6 9 6
2 2 4 9 8 9	5 4 5 8 8 9	6 3 5 7 9 7

Cette marche est suivie pour les autres leçons; c'est-à-dire que chaque ligne du tableau n° 6, remplace au tableau du maître, celle qui en a été effacée, et y est inscrite après celle qui doit rester pour la leçon du jour, la dernière ne devant être récitée que sur la fin de cette leçon.

QUATRIÈME LEÇON.

Pour cette leçon, chaque petit tableau présente cinq aspects, savoir :

1er tableau.	2e.	3e.	4e.	5e.
3 7	2 6	2 3	3 8	2 3
4 8	7 8	4 7	6 9	5 8
4 1 1	1 1 1	4 1 1	1 1 1	1 1 1
7 8 2	5 9 3	7 8 2	5 9 3	6 4 7

6e.	7e.	8e.	9e.
2 7	2 5	4 6	3 4
3 9	6 6	5 9	5 6
4 1 1	1 1 1	1 1 1	1 1 1
7 8 2	6 4 7	5 9 3	6 4 7

TABLEAUX DU MAITRE.

2 2 4	5 4 5	6 3 5
9 8 9	8 8 9	7 9 7
4 1 1	1 1 1	1 1 1
7 8 2	5 9 3	6 4 7

CINQUIÈME LEÇON.

PETITS TABLEAUX.

1er tableau.			2e.			3e.			4e.			5e.		
3	7	2	2	6	2	2	3	4	3	8	5	2	3	4
4	8	9	7	8	8	4	7	9	6	9	8	5	8	8
3	7	5	2	8	4	3	7	5	2	8	4	6	9	1
3	7	5	2	8	4	3	7	5	2	8	4	6	9	1

6e.			7e.			8e.			9e.		
2	7	5	2	5	6	4	6	3	3	4	5
3	9	9	6	6	7	5	9	9	5	6	7
3	7	5	6	9	1	2	8	4	6	9	1
3	7	5	6	9	1	2	8	4	6	9	1

TABLEAU DU MAITRE.

4	1	1	1	1	1	1	1	1
7	8	2	5	9	3	6	4	7
3	7	5	2	8	4	6	9	1
3	7	5	2	8	4	6	9	1

SIXIÈME LEÇON.

On fera remarquer ici aux élèves, que les aspects de la deuxième ligne de chacun des huit premiers tableaux ci-après, sont les mêmes que ceux de la première, qu'ils n'en diffèrent que par l'inversion des chiffres, et que, conséquemment, leurs sommes sont aussi identiques; qu'en effet, si 3 et 4 font 7, 4 et 3 font également 7, etc.

Après quoi, chaque élève récitera ces deux lignes comme aux leçons précédentes.

PETITS TABLEAUX.

1er tableau.				2e.				3e.				4e.			
3	2	2	3	2	2	2	4	3	7	6	3	8	3	7	5
4	7	4	6	5	3	6	5	5	8	8	7	9	8	9	6
4	7	4	6	5	3	6	5	5	8	8	7	9	8	9	6
3	2	2	3	2	2	2	4	3	7	6	3	8	3	7	5

5e.					6e.					7e.				
6	4	2	2	4	5	4	5	6	3	5	4	1	1	1
9	6	9	8	9	8	8	9	7	9	7	7	8	2	5
9	6	9	8	9	8	8	9	7	9	7	7	8	2	5
6	4	2	2	4	5	4	5	6	3	5	4	1	1	1

8e.					9e.								
1	1	1	1	1	3	7	5	2	8	4	6	9	1
9	3	6	4	7	3	7	5	2	8	4	6	9	1
9	3	6	4	7									
1	1	1	1	1									

Ces neuf tableaux présentant tous les aspects possibles, celui du maître devient inutile.

Cette ligne unique du neuvième tableau sera récitée d'abord comme les autres, et donnera lieu, dès la même leçon, aux exercices suivants, qui ont pour objet de préparer les élèves à la multiplication et à la division, comme aussi de leur donner la plus juste idée de la composition et de la décomposition des nombres multiples.

Ces exercices consistent à faire dire aux élèves : 1° deux 3, ou 2 fois 3 ou 3 répétés 2 fois, font 6, 2° deux 7, ou 2 fois 7, ou 7 répétés 2 fois, font 14 ; 3° deux 5, ou 2 fois 5, ou 5 répétés 2 fois, font 10, etc.

Dans le cas où l'élève éprouverait la moindre hésitation à dire un produit quelconque, de 2 fois 3, par exemple, on lui ferait additionner le premier aspect, et on lui ferait remarquer que 3 et 3, ou 2 fois 3 ou 3 répétés 2 fois, sont la même chose; que, comme somme et comme produit, on obtient 6.

En dernier lieu, on lui demandera dans 6 combien il y a de 3 ou de fois 3; en 14 combien de 7 ou de fois 7, etc.

Je crois devoir rappeler au maître, qu'il ne devra jamais écrire ni somme ni produit dans le cours de ces exercices, sous peine de contrevenir à l'esprit de la méthode et d'en détruire les effets, l'élève devant composer lui-même les sommes et les produits dans sa pensée, aidé qu'il est constamment par le travail des yeux et des oreilles.

Septième et huitième tableaux de la collection.

L'étude de ces deux tableaux est tellement facile, que nous croyons pouvoir nous en tenir aux explications que nous avons données au titre de l'enseignement individuel.

Pour l'enseignement mutuel, nous nous bornons à copier chaque jour aux neuf petits tableaux noirs, trois ou quatre lignes de chacune des neuf parties de ces deux tableaux 7 et 8.

Neuf moniteurs choisis parmi les élèves qui ont montré le plus d'intelligence dans les leçons antérieures, sont chargés de la direction des exercices, sous la surveillance du maître et du moniteur général.

Les élèves ne quittent un cercle, pour passer à un autre, que lorsqu'ils peuvent en réciter, sans faute et dans tous les sens, les aspects entièrement inscrits. Il ne sera point fait de répétition au tableau du maître; celui-ci veillera à ce que les changements de cercles ne s'opèrent pas intempestivement.

Si les exercices qui précèdent ont été faits conformément à nos instructions, si les élèves sont arrivés au point de dire sans hésitation les sommes des aspects de toutes les parties des tableaux n°s 7 et 8, le succès est assuré touchant l'étude des additions qui vont suivre. Ce n'est donc qu'à cette condition que l'on pourra discontinuer ces exercices.

ENSEIGNEMENT MIXTE.

Indépendamment de l'enseignement mutuel, qui nous a parfaitement réussi, nous avons employé un système mixte que nous préférons encore, parce qu'il occasionne moins de bruit, moins de perte de temps, et qu'il permet, dès lors, de faire beaucoup plus de besogne et de progrès, en ce qui concerne l'addition, la soustraction et les exercices préparatoires de la multiplication.

Ce système consiste à mettre dans les mains de chaque élève la collection de nos tableaux; à placer entre deux ou quatre élèves médiocres un moniteur intelligent, en état de comprendre l'esprit de la méthode, et d'en faire suivre les exercices, concurremment avec lui, à ces deux ou quatre élèves.

De cette manière, les enfants restent à leurs places, le tableau de la leçon du jour placé devant eux; les leçons se suivent sans interruption, et les progrès sont d'autant plus grands, que le nombre des élèves associés est de beaucoup inférieur à celui des enfants admis aux cercles de l'enseignement mutuel. Du reste, les exercices ont lieu comme il est indiqué au titre de l'enseignement individuel.

CHAPITRE IV.

Addition de plusieurs nombres composés.

Des quatre opérations de l'arithmétique, l'addition est assurément celle dont l'étude présentait le plus de difficulté, et comme elle est la base des trois autres, il s'en suivait que l'esprit des enfants et même celui des plus habiles praticiens, éprouvaient dans chacune de ces quatre opérations, une fatigue nuisible aux progrès des uns et à la santé de tous, pour peu que ces opérations fussent longues et multipliées.

Cet état de choses, nous l'avons déjà dit, est la conséquence du mode d'enseignement du calcul, par la numération raisonnée, en ce qui touche la composition et la décomposition des nombres, par l'unité, système qui met constamment l'esprit des enfants à la torture, en vue de rappeler à la mémoire les combinaisons et les inductions nombreuses enseignées dans nos écoles.

En étudiant la première partie de cet ouvrage, on est conduit à faire ce raisonnement :

Si je porte fréquemment mes regards sur un objet en deux parties, et qu'indépendamment du nom de chacune de ces parties, je donne un nom d'ensemble à cet objet, ce nom prend dans mon esprit une forme qui ne se sépare plus de celles des parties. D'où il suit,

1° Que la présence des parties, même disjointes, éveille instantanément en moi l'idée de l'objet entier ;

2° Que si l'une des parties vient à disparaître, la présence de l'autre, dont l'idée reste unie à celle de l'ensemble, me révèle subitement aussi la forme et le nom de la partie disparue.

Qu'il s'agisse d'un couteau, je le répète, et que vous m'en montriez la lame et le manche, bien que désunis, l'idée de couteau ne se fera point attendre. Si, au contraire, vous ne montrez que la lame, l'idée du couteau et l'idée de la lame, étroitement unies, me révèleront subitement l'absence et le nom du manche de ce couteau.

Ces idées m'étant données par un fréquent usage de l'organe de la vue, l'absence de l'objet dont il s'agit, ou de ses parties, ne s'aurait m'enlever ces idées. Le seul énoncé du nom d'ensemble de cet objet, ou de ceux de ses parties, éveillera toujours en moi l'idée partielle ou l'idée générale.

Or, les exercices que nous venons de faire, ont eu précisément pour but de fixer sérieusement et souvent, mes regards sur chacun des aspects des tableaux n°s 6, 7 et 8. Ainsi, l'aspect $\frac{9}{8}$, par exemple, auquel j'ai donné le nom 17, m'est devenu tellement familier, que ce nom d'ensemble ne s'est pas moins matérialisé dans mon esprit, que celui d'un couteau; car, il a encore, sur celui-ci, l'avantage d'avoir une forme particulière que j'ai appris à connaître dans les premiers exercices.

Donc, toutes les fois que ces idées d'ensemble ou de parties seront mises en question dans l'addition, il me suffira de jeter un coup d'œil rapide sur les chiffres présents, ou d'en entendre prononcer les noms, pour en déterminer la somme, sans travail d'esprit, sans recherche et sans fatigue.

En effet, que j'aie à faire cette addition :

$$\begin{array}{c} 8 \\ 9 \\ 4 \\ 6 \end{array}$$

D'un seul coup d'œil, je reconnais dans les deux premiers chiffres l'aspect nommé 17, et comme ce nom s'est matérialisé dans mon esprit, il me suffit, à l'aide de l'idée que j'ai de sa forme 17, de placer cette forme, par la pensée, au-dessus de 4, pour concevoir l'idée de l'aspect $\substack{17 \\ 4}$, que j'ai appris à connaître sous le nom de 21, nouvelle forme que je pose également au-dessus de 6 pour obtenir cet autre aspect $\substack{21 \\ 6}$ nommé 27, que je pose comme somme des nombres ci-dessus.

Il résulte bien évidemment de ce qui précède, qu'en matérialisant les nombres, en déterminant leurs valeurs par leurs formes, nous faisons de l'addition une sorte de lecture qui a pour voyelles

les unités simples, pour consonnes les dizaines et pour syllabes la réunion des voyelles aux consonnes, dont l'ensemble reçoit un nom qui correspond à leurs sommes; que notre esprit ne prend qu'une part très-minime du travail de cette lecture, dont l'œil et l'oreille, si l'on peut s'exprimer ainsi, font presque seuls tous les frais.

Or, nous faisons l'addition aussi prestement, aussi sûrement, et avec autant de liberté, que nous lirions un écrit dans notre langue nationale. La fatigue, la lenteur et l'erreur, ne sont donc point du domaine de notre procédé : elles n'en sont que les exceptions.

Ces assertions vont, du reste, se corroborer par l'application des exercices précédents, aux additions formulées et numérotées dans la collection de nos tableaux.

Ces additions sont composées de telle sorte, que tous les nombres, dans leurs limites, se trouvent unis à chacun des neuf chiffres des unités du premier ordre.

Elles sont en outre classées en séries ayant chacune neuf additions composées de 3, 4, 5... jusqu'à 10 chiffres dans les lignes verticales et neuf dans les lignes horizontales.

La première série se compose de tous les aspects du tableau nº 6, et d'une ligne complémentaire.

La deuxième est formée de la première augmentée d'une quatrième ligne.

La troisième comprend la deuxième plus une cinquième ligne, ainsi de suite, jusqu'à la dernière, qui comprend toutes les autres.

Chaque addition est précédée de deux lignes que nous nommons aspects sommaires; la première est la somme de l'addition correspondante de la précédente série, et la deuxième est celle qui termine l'addition à étudier.

Il suit de là, qu'en maintenant les élèves sur la première série jusqu'à ce qu'ils soient à même d'en faire toutes les additions lestement, sans hésitation et sans faute, l'étude de la deuxième série, qui ne diffère de la première que par la dernière ligne de chaque addition, consistera uniquement à ajouter les chiffres de cette dernière ligne à la somme de l'addition correspondante de la première série; ce qui leur est d'autant plus facile, que ces chiffres et cette somme se trouvent en tête de l'addition même.

Les séries suivantes présentant les mêmes circonstances, les élèves seront en état de faire toutes les additions possibles, dès qu'ils seront parvenus à exécuter les dernières de notre collection. Cela ne saurait paraître problématique, si l'on réfléchit que nos dernières additions contiennent tous les nombres, unis au neuf chiffres des unités, et que ces unions se trouvent répétées de série en série.

Dans l'enseignement individuel, nous plaçons, sous les yeux de l'élève, les additions de la première série.

Nous lui faisons d'abord réciter les aspects sommaires inscrits en tête de la première addition; exemple : 8, 17; 9, 17; 8, 15, etc.

Après la récitation de tous les aspects de cette ligne, l'élève passe à l'addition, qu'il fait, ainsi qu'il fera toutes les autres de la collection, *sans retenue,* comme si chaque ligne était isolée ; il prononcera les sommes sans être tenu de les poser, afin de gagner du temps.

Il y procède dans les termes ci-dessus, en ne prononçant que la somme des deux premiers chiffres, et celle des trois de chaque ligne verticale ; c'est-à-dire, 8, 17 ; 9, 17 ; 8, 15 ; 5, 11 ; 7, 12 ; 9, 13 ; 6, 9 ; 9, 11 ; 7, 8.

Il est hors de doute, que, si l'élève a été convenablement dirigé dans les exercices des premiers tableaux, et si l'on ne s'est point hâté de l'en dispenser, il fera ces premières additions aussi facilement, qu'il dira la somme des aspects sommaires qui les précèdent.

Néanmoins, s'il hésitait à dire la somme des aspects sommaires composés de dizaines et d'unités, on lui demanderait d'abord la somme des unités, et ensuite celle de l'aspect qui aurait fait l'objet de son embarras. S'il s'agissait de l'aspect $\begin{smallmatrix}15\\8\end{smallmatrix}$ par exemple, on le questionnerait en ces termes : 5 et 8 ? et s'il répond justement, on pose subsidiairement cette autre question : 15 et 8 ? pour peu qu'il ait souvenir de l'exercice $5 + 8 = 13$; $15 + 8 = 23$, son hésitation doit cesser instantanément ; autrement il faudrait le ramener aux exercices des tableaux n°s 7 et 8.

Avant de passer aux additions de quatre lignes, nous lui faisons exécuter, sur la neuvième de la première série, divers exercices en vue de l'initier aux idées de la composition et de la décomposition des nombres multiples, autrement dit, de la multiplication et de la division.

Dès qu'il aura fait cette neuvième addition comme les autres, nous lui ferons dire, en commençant par la ligne de droite, deux 1 pour 2, trois 1 pour 3, deux 9 pour 18, trois 9 pour 27, deux 6 pour 12, trois 6 pour 18, et ainsi de suite;

2 contient 2 unités, 3 en contient 3, 18 contient deux 9, 27 en contient 3, 12 contient deux 6, 18 en contient 3, etc.

On doit se rappeler ici, que l'on ne devra jamais passer des additions d'une série à celles d'une autre, qu'autant que les premières pourront être faites habilement et sûrement par l'élève; comme aussi qu'il est très-important d'exiger de celui-ci une prononciation franche, vive et élevée.

Les additions de quatre lignes et les suivantes se feront dans les mêmes termes que celles de trois lignes. Par exemple, pour la première (deuxième série), on dira ainsi les aspects sommaires : 17, 19; 17, 20; 15, 18; etc.; et les lignes verticales : 8, 17, 19; 9, 17, 20; 8, 15, 18......

On fera aussi sur la dernière ligne de chaque série, les exercices que nous avons indiqués ci-dessus; c'est-à-dire, deux 1 pour 2, trois 1 pour 3, quatre 1 pour 4......, deux 9 pour 18, trois 9 pour 27, quatre 9 pour 36....; 2 contient deux 1, 3 contient trois 1, 4 contient quatre 1, 18 contient deux 9, 27 contient trois 9, 36 contient quatre 9.

Ces exercices ont une si grande importance au point de vue de la numération, de la multiplication et de la division, que nous ne saurions trop les recommander; ils devront toujours être faits, dans tous leurs termes, par l'élève lui-même, excepté les premières fois.

Pour l'élève qui étudiera seul, tout ce que nous avons dit des additions lui est également applicable; ainsi, il repassera tous les jours nos additions sans retenues et sans poser les sommes, jusqu'à ce qu'il sente en lui la plus grande habileté. Les aspects sommaires l'avertiront de ses erreurs, qui seront d'autant plus rares qu'il suivra notre avis de ne quitter une série pour une autre, qu'autant qu'il en fera toutes les additions habilement et sans faute.

Pour l'enseignement mutuel, les neuf additions de la première série seront copiées aux sommets des neuf tableaux noirs, et enseignées par les moniteurs, comme il est dit ci-dessus, et suivant les recommandations faites de ne quitter un cercle pour un autre, une série pour la suivante, qu'après une parfaite exécution des additions mises à l'étude.

Ces additions resteront au tableau et serviront pour l'étude de la deuxième série; il suffira en effet de remplacer les aspects sommaires de la première par ceux de la seconde, et d'ajouter la quatrième ligne de chaque addition de la deuxième série aux trois lignes de l'addition correspondante de la première série. Il en sera de même des séries suivantes.

Pour l'enseignement mixte, chacun des trois ou cinq élèves associés, ayant en mains la collection des tableaux, fera une addition sous la surveillance du moniteur. Les uns et les autres s'alterneront dans ces récitations, de manière à ce que chacun d'eux ait pu faire toutes les additions d'une série avant de passer à une autre.

Ces exercices sur les additions de notre livre ne devront cesser qu'au moment où tous les élèves les exécuteront avec prestesse et sûreté. Du reste, les élèves y seront appliqués tous les jours, et on fera en sorte que tous, sans exception, prennent part aux exercices, les plus instruits comme les autres.

Avant de terminer ce chapitre, nous allons indiquer un moyen infaillible, pour obtenir de tous les élèves la plus grande habileté dans l'exécution des additions, et surtout pour donner au coup d'œil plus de sûreté.

Ce moyen ne peut s'appliquer qu'à l'enseignement individuel ou mutuel; mais on pourrait réunir en un cercle, au tableau, sous la direction du maître ou d'un moniteur intelligent, ceux qui montreraient peu de dispositions à devenir habiles calculateurs. Ce moyen consiste à mettre dans les mains du moniteur, un carton ayant environ 40 centimètres de long sur 30 centimètres de large.

A l'aide de ce carton, le moniteur écrit d'abord trois chiffres les uns sous les autres au tableau, de manière à ce que les élèves ne les voient point; il les tient cachés derrière son carton qu'il appuie, à cet effet, au tableau. Il prévient les élèves qu'ils vont être mis en demeure de dire, en une seule expression, à qui mieux et le plus tôt, la somme des trois chiffres cachés. Après quoi il appelle leur attention en ces termes : y êtes-vous? sur leur réponse affirmative, il baisse son carton de manière à mettre les trois chiffres à découvert, et le relève presque aussitôt pour les cacher de nouveau. Il s'assure que tous les élèves ont apporté toute leur attention et fait des efforts pour dire la somme les premiers. Il prend note de mémoire de ceux qui ont réussi et recommande aux autres d'être plus attentifs et plus prompts. Si aucun n'avait dit juste, il recommencerait l'épreuve sur les mêmes chiffres qu'il tiendra découverts un peu plus de temps. Dans le cas contraire, il les effacera pour en écrire d'autres.

Après ce concours sur trois chiffres, il en serait fait sur quatre, cinq, six chiffres, selon que les élèves se montreraient plus habiles.

S'il existait un certain nombre d'élèves qui fussent toujours les derniers à dire les sommes mises au concours, il faudrait les mettre à part.

Du reste, ces exercices n'auraient lieu qu'au moment où les élèves feraient déjà les additions d'un certain nombre de chiffres.

Dès que les élèves seront à même d'exécuter toutes les additions imprimées avec prestesse et exactitude, ils seront appliqués à faire des additions posées au hasard aux tableaux noirs.

Ces additions ne seront d'abord que de trois lignes horizontales et neuf lignes verticales. Elles seront faites sans retenues et sans poser les sommes; à ces trois lignes on en ajoutera successivement une, deux, trois, quatre, cinq, etc. Les retenues ne seront reportées d'une ligne sur une autre que lorsqu'il ne devra plus être ajouté de chiffres. Cette manière de procéder sera suivie tant que les élèves éprouveront la moindre hésitation. Du reste, on reprendra de temps en temps les additions imprimées.

Bien que les élèves, s'ils ont été bien dirigés, doivent être à même de faire l'addition avec facilité, le maître leur en posera chaque jour une qu'ils effectueront tous avant de commencer d'autres opérations ; ce qui prendra, au surplus, peu de temps, eu égard à leur grande habileté.

Nous croyons devoir réitérer ici la recommandation d'exiger que les élèves fassent toutes leurs opérations, comme les exercices, avec vivacité et promptitude.

CHAPITRE V.

De la soustraction.

Par la soustraction, nous cherchons la différence de deux nombres dont l'un est la somme de l'autre et du nombre cherché.

Nous cherchons donc aussi ce qui manque au plus petit des deux nombres exprimés, pour valoir le plus grand de ces nombres.

En effet $14 - 8 = 6; 6 + 8 = 14$.

Or, les exercices que nous avons faits sur les tableaux nos 5 ou 6, ayant dû nous apprendre, par le coup d'œil, ce qui manque à 8 pour former l'aspect $\frac{6}{8}$ que nous nommons 14, nous ferons la soustraction ci-dessus en ces termes : 8 et 6 (que nous poserons) font 14.

AUTRE EXEMPLE :

$$\begin{array}{r} 9\ 4\ 3\ 8\ 5\ 7\ 4\ 6 \\ 3\ 8\ 5\ 2\ 6\ 4\ 3\ 4 \\ \hline 5\ 5\ 8\ 5\ 9\ 3\ 1\ 2 \end{array}$$

Expressions :

4 et 2 (que je pose) 6; 3 et 1, 4; 4 et 3, 7; 6 et 9, 15 (je retiens 1); 3 et 5, 8; 5 et 8, 13 (je retiens 1); 9 et 5, 14 (je retiens 1); 4 et 5, 9.

Pour rendre cette opération plus facile aux élèves, et lier plus étroitement encore dans leur esprit, l'idée de la composition de chaque aspect à l'idée du chiffre qui donne son nom à cet aspect, nous avons imaginé divers exercices auxquels ces élèves devront être préalablement appliqués. Ces exercices tendent aussi à les fortifier sur l'addition, puisque, dans l'une comme dans l'autre opération, il s'agit de découvrir l'un de trois nombres que nous devons chercher à associer le plus étroitement possible dans notre imagination.

PREMIER EXERCICE.

Nous écrivons sur un tableau noir les deux premières lignes horizontales du tableau n° 6, en espaçant ces lignes de manière à pouvoir en effacer une et la rétablir à volonté.

EXEMPLE :

3	2	2	3	2	2	2	4	3
4	7	4	6	5	3	6	5	5

L'élève doit dire et poser au-dessus de chaque aspect, la somme de cet aspect : 3 et 5, 8 qu'il posera au-dessus du premier aspect de droite; 4 et 5, 9 qu'il placera au-dessus du deuxième, ainsi de suite.

Nous effaçons aussitôt la dernière ligne ci-dessus, et il ne reste plus au tableau que la première et celle des sommes posées par l'élève.

EXEMPLE :

7	9	6	9	7	5	8	9	8
3	2	2	3	2	2	2	4	3

Nous lui faisons faire cette soustraction à haute voix, dans les mêmes termes que l'addition qu'il vient d'effectuer, et il prononcera, en même temps qu'il le posera, le chiffre de chaque reste, qui n'est autre que celui que nous venons d'effacer. Il dira donc 3 et 5 (qu'il pose) 8; 4 et 5, 9; etc.

S'il éprouve quelque difficulté à faire cette soustraction, nous devrons l'aider par ces questions : 3 et combien font 8? 4 et combien font 9?..... Nous en effacerons le résultat et l'obligerons à la recommencer jusqu'à ce qu'il la fasse lestement et sans faute.

Dès qu'il aura fait cette soustraction sans hésiter, nous en effacerons la deuxième ligne, à laquelle nous substituerons le résultat, de manière à avoir cette autre soustraction à exécuter.

7 9 6 9 7 5 8 9 8
4 7 4 6 5 3 6 5 5

Il y sera procédé comme ci-dessus, tant de notre part, que de celle de l'élève.

Dès que celui-ci n'éprouvera plus d'embarras à faire ces deux soustractions, on l'exercera de la même façon sur la deuxième colonne du même tableau n° 6.

EXEMPLE :

7 6 3 8 3 7 5 6 4
8 8 7 9 8 9 6 9 6

On fera ici les mêmes exercices ; mais sans tenir compte des retenues; en sorte que quand l'élève aura posé les sommes de ces divers aspects, moins les dizaines, et effacé la dernière ligne, le tableau présentera cette soustraction :

15 4 0 7 1 6 1 5 0
7 6 3 8 3 7 5 6 4

Comme il ne parlera pas des retenues, l'élève se bornera à dire 4 et 6 (qu'il posera) 10; 6 et 9, 15; 5 et 6, 11; etc.

Les trois autres colonnes du tableau n° 6, donneront lieu aux mêmes exercices.

DEUXIÈME EXERCICE.

Afin de procurer plus d'habileté à l'élève, nous l'exercerons à faire les soustractions du tableau n° 10, mais seulement de vive voix, sans parler de retenue et sans poser les restes, ce qui lui permettra d'aller beaucoup plus vite, et conséquemment de faire beaucoup plus d'opérations. Ces soustractions étant les mêmes que celles auxquelles il vient d'être exercé, ne sauraient l'embarrasser beaucoup. N'oublions jamais toutefois que les expressions et les instructions que nous avons formulées sont indispensables au succès, et que nos questions, telles que 3 et combien font 7, etc., doivent être brèves et fortement prononcées, afin de provoquer des réponses également promptes de la part de l'élève.

TROISIÈME EXERCICE.

Ce que nous avons dit dans le premier exercice est applicable au troisième, destiné à familiariser les élèves avec les soustractions mentales qu'ils sont obligés de faire sur les dizaines, dans le cours des divisions. Nous prendrons donc pour base de ce troisième exercice, la première ligne des dizaines de chacune des parties des tableaux nos 7 et 8, et nous les inscrirons au tableau noir.

EXEMPLE :

13	12	12	13	12	12	12	14	13
4	7	4	6	5	3	6	5	5

Après avoir fait dire à l'élève la somme de chacun de ces aspects, et la lui avoir fait poser au-dessus de ces aspects, nous effacerons la ligne des unités afin de lui présenter cette soustraction, qu'il fera sans retenues comme si chaque aspect était isolé.

EXEMPLE :

17	19	16	19	17	15	18	19	18
13	12	12	13	12	12	12	14	13

Soustraction qu'il fera en ces termes : 13 et 5 (qu'il posera) 18; 14 et 5 (à poser) 19; 12 et 6 (à poser) 18; etc. A chaque hésitation (ce qui doit être rare), on lui fera remarquer que 3 + 5 = 8; 13 + 5 = 18. Du reste, les exercices précédents ont dû lui rendre celui-ci extrêmement facile. En opérant ainsi sur les neuf premières lignes des dizaines des tableaux 7 et 8, on sera dispensé de substituer le résultat aux unités de la deuxième ligne; seulement, ce résultat sera effacé et renouvelé jusqu'à parfaite exécution de la soustraction.

QUATRIÈME EXERCICE.

Cet exercice aura lieu sur le tableau n° 11, de la manière indiquée au deuxième exercice de la soustraction. Comme il arrive toujours qu'un grand nombre d'élèves se montrent supérieurs aux autres, parce qu'ils ont le coup d'œil plus prompt et plus sûr, on pourra, à partir de la soustraction, se dispenser des manœuvres prescrites pour les exercices de l'addition dans l'enseignement mutuel; il suffira de copier, sur chacun des neuf tableaux noirs, une même ligne des tableaux imprimés, et de mettre à la tête de chaque cercle un moniteur intelligent.

Dès ce moment, on fera faire à l'élève des soustractions posées au hasard, en lui faisant reporter les retenues.

Chaque jour, avant d'étudier la multiplication, on fera exécuter aux élèves une addition et une soustraction au tableau.

CHAPITRE VI.

De la multiplication.

La multiplication n'est qu'une forme abrégée de l'addition de nombres semblables répétés un certain nombre de fois.

Nous avons déjà donné à l'élève, dans les exercices de l'addition, une idée de la composition et de la décomposition des nombres multiples, comme premières notions de la multiplication et de la division.

Nous allons maintenant fortifier cette idée par une répétition abrégée de ce que nous avons vu à cet égard.

PREMIER EXERCICE.

Nous plaçons sous les yeux de l'élève le tableau n° 12 qu'il récitera ainsi :

Deux-deux ou 2 fois 2, 4; deux-trois ou 2 fois 3, 6; trois-trois ou 3 fois 3, 9; deux-quatre ou 2 fois 4, 8; trois-quatre ou 3 fois 4, 12.....

S'il hésite dans cette récitation ; par exemple, s'il ne peut dire sans recherche la somme de quatre-quatre ou 4 fois 4, je lui fais additionner cette colonne et recommencer tout ce qu'il a vu du même tableau, en lui demandant, après chaque ligne, combien font quatre-quatre. J'en agis de même pour tout ce tableau.

DEUXIÈME EXERCICE.

Nous prenons ensuite chaque ligne horizontale des aspects placés sous les lignes que nous venons de voir.

La récitation de cette ligne ne se fait plus qu'en ces termes : 2 fois 2, 4; 2 fois 3 ou 3 fois 2, 6; 2 fois 4 ou 4 fois 2, 8; 3 fois 4 ou 4 fois 3, 12; ainsi de suite. Si l'élève hésite, je lui fais additionner la ligne verticale correspondante à l'aspect qui a fait l'objet de son hésitation, et je le fais recommencer comme ci-dessus.

TROISIÈME EXERCICE.

Nous avons vu par expérience, qu'en jetant fréquemment les yeux sur un aspect, tout en prononçant son nom d'ensemble, qui en est la somme, les élèves sont parvenus à faire les additions avec autant de facilité et d'exactitude que nous pourrions le faire dans la lecture d'un ouvrage littéraire. La raison en est que les idées de nombres se matérialisent dans leur esprit.

La même raison doit nécessairement conduire au même résultat dans la multiplication ; c'est pourquoi nous allons récapituler les leçons de détail que nous avons vues.

Nous nous servirons à cet effet du tableau n° 6, qui donnera lieu à deux exercices différents.

Pour le premier, l'élève dira : 3 fois 4, 12 ; 2 fois 7, 14 ; 2 fois 4, 8 ; etc.

Et pour le second, il ne prononcera plus que le produit de chaque aspect : 12, 14, 8, 18, 10, 6, 12, 15 ; ainsi des autres lignes du tableau.

Il est toujours bien entendu qu'il ne passera point d'une ligne à une autre que la première ne soit récitée prestement et sans faute, et continuera l'exercice, jusqu'à parfaite exécution, par ligne horizontale et verticale.

Pour l'enseignement mutuel, on suivra la marche indiquée à l'occasion des exercices de la soustraction.

La personne qui étudiera sans maître, devra, malgré les idées qu'elle a dû acquérir par les exercices Ier et IIe du présent chapitre, faire le troisième exercice sur le tableau n° 5, qui donne tous les produits dans une colonne marginale, et s'essayer, de temps en temps, sur le tableau n° 6, tout en tenant ouvert devant elle le tableau n° 5, pour vérifier ses récitations.

QUATRIÈME EXERCICE.

Comme pour l'addition, nous avons imaginé un moyen d'activer le coup d'œil des élèves indolents et peu habiles à prononcer les produits des aspects du tableau n° 6.

Ce moyen consiste à copier chaque aspect de ce tableau en gros chiffres, sur une carte en carton blanc, très-mince, et d'une dimension un peu moins grande que celle d'une carte à jouer.

5 4

Le maître réunit les cartes des neuf aspects de la première ligne du tableau ; il les mêle et les jette, les unes après les autres, en les empilant, sur un banc ou une table placée devant l'élève, qui est appelé à dire le produit seulement des deux facteurs de chaque carte.

D'abord, les cartes sont jetées lentement, et le mouvement s'accroît en proportion de la vitesse du récit de l'élève, jusqu'à ce que cet exercice soit arrivé à la plus grande promptitude.

Ces neuf cartes sont ensuite mises de côté, et remplacées par celles de la deuxième ligne du tableau, lesquelles donneront lieu au même exercice.

Dès que l'élève pourra dire les produits de ces dernières cartes aussi vite qu'il sera possible de les jeter sur la table, on lui fera répéter ceux des dix-huit premières, préalablement mêlées.

On procédera de même pour toutes les cartes copiées au tableau, jusqu'à ce que l'élève puisse en exprimer les produits avec la plus grande célérité.

Nous garantissons le succès de cet exercice, si les précédents ont été exécutés avec zèle et intelligence. Trois ou quatre leçons doivent suffire à l'élève pour connaître tous les produits.

Dès ce moment, les élèves doivent être à même de faire les multiplications avec facilité et sûreté; autrement, il faudrait leur faire continuer les exercices.

Nous donnons, ci-après, neuf multiplications que nous avons formulées de manière à présenter tous les aspects des facteurs partiels étudiés dans les exercices. Or, lorsque les élèves pourront faire ces neuf multiplications lestement et sans erreurs, ils seront en mesure d'en faire de toutes sortes.

Pour arriver à ce résultat, il est indispensable de faire et recommencer la même multiplication jusqu'à parfaite exécution.

Ces multiplications devront être exécutées au tableau noir, à haute voix et sous les yeux du maître ou du moniteur.

Exécution.

Nous allons faire, nous-même, la première de ces multiplications, afin de faire connaître les abréviations que nous avons introduites, dans l'exécution, en vue de la rapidité.

```
   9456
    874
-------
  37824
 66192
75648
-------
8264544
```

Après avoir jeté un coup d'œil sur les deux premiers facteurs partiels, je prononce 24 (je pose 4), je dis : je retiens 2. En même temps que je porte mes regards sur les facteurs 4, 5, je prononce 20, 22 (je pose 2) et je retiens 2; procédant de même, je dis : 16, 18 (je pose 8), je retiens 1; 36, 37 que je pose; ainsi des autres lignes.

Lorsque l'élève est un peu plus fort, il abrége encore de cette manière :

24 (il pose 4), 22 (il pose 2), 18 (il pose 8), 37 qu'il pose; cette abréviation consiste à ajouter les retenues aux produits partiels avant d'en prononcer le total.

Quand les enfants ont été bien dirigés dans les exercices, ils sont bientôt en état de faire ces abréviations, qui leur procurent une habileté extraordinaire.

Comme les exercices relatifs aux divisions doivent nous tenir quelque temps, nous les ferons tous les jours précéder des trois premières règles qui, du reste, doivent essentiellement applanir à l'élève les difficultés de la division.

9456 629	13782 874
9456 135	13782 629
94506 6029	13782 135
94506 6290	137082 1305

CHAPITRE VII.

De la division.

Nous avons vu dans les exercices de la multiplication, qu'un produit n'est pas autre chose que la somme de plusieurs nombres égaux, répétés un certain nombre de fois.

Par la division, nous nous proposons de découvrir combien de fois l'un de ces nombres, appelé diviseur, est contenu ou répété dans un autre nommé dividende. Le résultat de cette opération se nomme quotient.

Or, la multiplication n'est qu'une addition abrégée par laquelle nous réunissons plusieurs nombres égaux en un seul appelé produit, et la division une opération par laquelle nous décomposons ce produit, au moyen de l'un de ses facteurs, pour reconnaître l'importance de l'autre facteur.

Ainsi, les expressions somme, total, produit et dividende, sont synonymes, comme celles de facteurs, diviseur et quotient le sont entre elles.

Les théoriciens nous présentent la soustraction comme devant servir à la recherche du quotient, et être considérée comme base de la division.

Nous pensons qu'il eut été plus rationnel, de donner la soustraction comme moyen de démonstration que comme principe d'exécution, en ce que ces décompositions nombreuses, dans certaines divisions, ne sauraient être que fort lentes, si nous y procédons par écrit, et, tout à la fois, lentes et incertaines, en y procédant mentalement.

Le moyen que nous avons employé, en prenant l'addition pour base des trois autres règles, est assurément plus fécond en bons résultats, puisqu'il nous a déjà permis d'apprécier, d'un seul coup d'œil, la somme, le reste et le produit, dans les trois premières opérations.

En effet, si, désirant obtenir la différence de deux nombres, je les offre aux regards de mon élève, ainsi placés $\begin{smallmatrix}14\\8\end{smallmatrix}$, il me répondra 6 sans hésiter, parce que les exercices de l'addition lui ont appris que $8 + 6 = 14$.

Si, en outre, je lui montre plusieurs chiffres semblables pour en connaître la somme, et les lui présente ainsi :

$$\begin{array}{c}8\\8\\8\\8\end{array}$$

Il lui suffira de jeter un coup d'œil sur l'ensemble de ces chiffres, pour répondre instantanément 32, attendu qu'il a appris, par nos exercices, que 8 répété 4 fois ou 4 fois 8 font 32, principe qui est également applicable à la multiplication.

Nul doute aussi, que si je lui demande combien 32 contient de 8 ou de fois 8, il me répondra 4.

On voit que la soustraction, la multiplication et la division puisent leurs principes dans l'addition. D'un autre côté, il est évident que nos exercices sur les aspects de deux chiffres, tentent à fortifier l'élève dans ses appréciations.

Si le diviseur ne contenait qu'un seul chiffre, et que le dividende fut un multiple de ce chiffre, il suffirait de connaître les facteurs de ce multiple ou produit, pour diviser sans tâtonnement celui-ci par l'un de ses facteurs, puisque le quotient serait l'autre facteur.

Mais il en est rarement ainsi : il arrive fréquemment,

1° Que le dividende contient une ou plusieurs fois le diviseur, plus une partie de celui-ci, et qu'après en avoir extrait ce diviseur autant de fois que possible, cette partie reste sans emploi;

2° Que le dividende et le diviseur étant formés de nombres composés, nous sommes obligés de faire l'opération partiellement en raison des limites de nos facultés.

Les difficultés de ces sortes de divisions, consistent à savoir découvrir, dans chaque dividende partiel, le multiple le plus élevé du premier chiffre du diviseur, et à voir si le reste du dividende est suffisant pour couvrir les retenues qui résultent de la multiplication des chiffres subséquents du diviseur par le chiffre supposé devoir être inscrit au quotient.

Nous ferons ci-après des exercices qui auront pour effet d'apprendre à connaître les multiples et les restes des dividendes partiels. Quant à savoir si ces restes sont de nature à couvrir les retenues dont il s'agit, nous donnerons, lors du classement des divisions, le détail des circonstances qui nous ont frappé dans nos nombreuses recherches; circonstances peut-être encore inconnues, mais offrant le plus puissant moyen d'applanir l'obstacle le plus grand de la division.

Pour le moment, nous bornerons nos exercices aux moyens de rendre facile et immédiate la découverte des facteurs de tous les produits que l'on doit rechercher dans les dividendes partiels; ensuite, d'extraire ces produits des dividendes, et d'apprécier mentalement et prestement, ce qui doit rester de cette extraction, afin de reconnaître, sans recherche ni tâtonnement, l'exactitude du chiffre présumé devoir appartenir au quotient.

PREMIER EXERCICE. — (*Tableau n° 15.*)

Je suppose que l'élève connaît parfaitement les produits de tous les aspects du tableau n° 6; autrement il n'aurait pas pu suivre avec succès les leçons de la multiplication, et serait à plus forte raison, hors d'état d'étudier la division; dans cette dernière hypothèse, il serait à propos de le soumettre itérativement aux premiers exercices de la multiplication.

L'exercice dont nous nous occupons ici, est purement oral; le maître ou le moniteur seul doit avoir le tableau sous les yeux. Celui-ci questionnera d'abord l'élève sur les produits de l'un des cadres de ce tableau; il se bornera à énoncer à haute voix les facteurs de chaque produit; exemple 3 fois 4? 2 fois 6? 2 fois 7? 2 fois 4?... 3 fois 5? L'élève devra répondre vivement, après chaque question : 12, 14, 8.... 15. Après quoi les questions suivantes lui seront aussi adressées : quels sont les facteurs de 12, de 14, de 8..... de 15; en 12 combien de fois 3? combien de fois 4? de fois 2? de fois 6? etc.

Il sera bon de lui faire préalablement remarquer, qu'en divisant un produit par l'un de ses facteurs, on obtient l'autre facteur pour quotient;

$$3 \times 4 = 12$$
$$12 : 3 = 4$$
$$12 : 4 = 3$$

Comme partout, un cadre du tableau ne sera quitté pour un autre, qu'après avoir obtenu de l'élève des réponses hardies et d'une parfaite exactitude, sur toutes les parties de ce double exercice.

DEUXIÈME EXERCICE.

Cet exercice, qui n'a point de tableau particulier dans la collection, est absolument le même, quant à l'exécution, que celui auquel nous nous sommes livré, pour parvenir à faire prestement la soustraction. Dans l'un la somme ou nom d'ensemble d'un aspect et l'une des parties de cet aspect étant donnés, nous en cherchons l'autre partie comme étant l'excès, le reste, ou la différence des deux nombres donnés; dans celui qui nous occupe, nous chercherons l'une des parties de chaque aspect, dont le nom ou produit et l'autre partie seront connus de nous.

A cet effet nous copions, au tableau noir, la première ligne d'aspects du tableau imprimé sous le n° 6.

EXEMPLE :

3	2	2	3	2	2	2	4	3
4	7	4	6	5	3	6	5	5

L'élève est appelé à dire à haute voix et à écrire au-dessus de chaque aspect, le produit ou nom d'ensemble de cet aspect : 3 fois 4 font 12, etc.

Cette opération terminée pour toute la ligne, le maître ou l'élève en effacera les chiffres inférieurs, de manière à n'avoir plus au tableau que les aspects suivants :

12	14	8	18	10	6	12	20	15
3	2	2	3	2	2	2	4	3

Après quoi, l'élève sera tenu de rétablir les chiffres effacés, en même temps qu'il prononcera vivement et à haute voix ces paroles :

En 12 combien de fois 3, 4 fois (et posera 4 sous le 3 du premier aspect de gauche); en 14 combien de fois 2, 7 fois (et posera 7 sous le 2 du deuxième aspect), ainsi de suite pour toute la ligne. Ces résultats seront effacés et rétablis tant que l'élève éprouvera la moindre hésitation.

Ensuite, on effacera les chiffres de l'intérieur en laissant subsister les produits et les résultats de la première opération.

EXEMPLE :

12	14	8	18	10	6	12	20	15
4	7	4	6	5	3	6	5	5

et l'on procédera comme ci-dessus.

Il en sera de même des autres lignes d'aspects du tableau n° 6, dont on exceptera, cependant, les aspects dans la composition desquels figure l'unité, attendu qu'il serait superflu de soumettre l'élève à un exercice, pour lui faire comprendre combien un nombre quelconque contient de fois l'unité, et, encore moins, combien un nombre est contenu de fois dans lui-même.

Il a vu dans les additions que 4 contient 4 fois 1; 8 contient 8 fois 1, etc.; que conséquemment 4 contient 1 fois 4, et 8, 1 fois 8.

Avant d'abandonner cet exercice, on fera bien de le faire répéter de vive voix comme le précédent.

TROISIÈME EXERCICE. — *(Tableau n° 14.)*

Ce tableau, qui sera aussi étudié de vive voix, présente des nombres à diviser par d'autres dont ils ne sont point multiples. Dès lors, l'élève devra rechercher les multiples qui y sont contenus, et exprimer l'excès de chaque dividende sur le multiple qui en sera extrait.

Cet exercice se fera entièrement par l'élève et en ces termes : en 7 combien de fois 2? 3 fois pour 6 reste 1; en 5 combien de fois 2 ? 2 fois pour 4 reste 1; en 3 combien de fois 2? 1 fois pour 2 reste 1, etc.

Les expressions ci-dessus doivent être rigoureusement observées, pour faciliter l'exécution des divisions compliquées. On verra, ci-après, l'utilité de cette formule d'exercice.

Les exercices qui précèdent auront lieu, pour l'enseignement mutuel, sans déplacement des élèves; il doit se trouver, dès maintenant, assez de moniteurs en état d'enseigner au tableau noir et successivement, toutes les parties de ces exercices.

Il ne nous reste plus, pour avoir rempli notre tâche, qu'à traiter la division au point de vue de la forme et de l'exécution.

Les premières leçons seront consacrées aux divisions qui n'ont qu'un seul chiffre au diviseur; les autres feront l'objet d'une instruction spéciale.

Dividende	1284	2	Diviseur.
	08	642	Quotient.
	04		

Cette division, dont le dividende ne renferme que des multiples du diviseur, sera exécutée dans les termes ci-après, qui sont de rigueur :

Le premier chiffre du dividende étant plus petit que 2, on dit : en 12 combien de fois 2? 6 pour 12, reste 0, j'abaisse 8; en 8 combien de fois 2? 4 pour 8 reste 0, j'abaisse 4; en 4 combien de fois 2? 2 fois pour 4, reste 0.

Si un dividende partiel ne pouvait contenir le diviseur, c'est que le quotient ne renfermerait point d'unité de l'ordre de ce dividende; alors, on poserait 0 au quotient pour en occuper la place.

```
18616 | 2
06    |-----
 016  | 9308
   0  |
```

Expressions : en 18 combien de fois 2 ? 9 pour 18, reste 0, j'abaisse 6 ; en 6 combien de fois 2 ? 3 pour 6, reste 0, j'abaisse 1 ; 1 étant plus petit que 2, ne peut contenir celui-ci, je pose 0 et j'abaisse 6 ; en 16 combien de fois 2 ? 8 pour 16, reste 0.

Cas où le dividende partiel laisse un reste.

```
945894 | 2
14     |-------
 05    | 472947
  18   |
   09  |
    14 |
     0 |
```

Expressions : en 9 combien de fois 2 ? 4 pour 8, reste 1, j'abaisse 4 ; en 14 combien de fois 2 ? 7 pour 14, reste 0, j'abaisse 5 ; en 5 combien de fois 2 ? 2 pour 4, reste 1, j'abaisse 8 ; en 18 combien de fois 2 ? 9 pour 18, reste 0, j'abaisse 9 ; en 9 combien de fois 2 ? 4 pour 8, reste 1, j'abaisse 4 ; en 14 combien de fois 2 ? 7 pour 14, reste 0.

On fera de même les divisions ci-après :

```
589263516 | 2
```

```
883895274 | 3
```

3704654312 | 4

4064821785 | 5

4877786142 | 6

3475767897 | 7

3972306168 | 8

6695713368 | 9

Les dividendes de ces huit dernières divisions étant les produits des neuf chiffres appartenant aux unités du premier ordre, multipliés par chacun des diviseurs 2, 3, 4, 5, 6, 7, 8 et 9, nous ne saurions trop recommander de maintenir les élèves sur l'exécution de ces divisions, jusqu'à ce qu'ils soient parvenus à les faire lestement et dans les termes ci-dessus.

Nous avons dit, au commencement de ce chapitre, que nos méditations nous ont conduit à reconnaître de nombreux cas où l'on peut poser, sans tâtonnement, le chiffre présumé appartenir au quotient.

Cette découverte, qui a pour effet d'applanir la plus grande difficulté des divisions compliquées, est susceptible de quelques exceptions qui ont nécessité, de notre part, un classement de toutes ces divisisions.

Ce classement est établi sur les deux premiers chiffres du diviseur, en conformité du tableau ci-après.

DÉSIGNATION DES DEUX PREMIERS CHIFFRES DU DIVISEUR.

Classes.										Sections
1re.	23	33	43	53	63	73	83	93		1re.
	24	34	44	54	64	74	84	94		2e.
	25	35	45	55	65	75	85	95		3e.
	26	36	46	56	66	76	86	96		4e.
	27	37	47	57	67	77	87	97		5e.
	28	38	48	58	68	78	88	98		6e.
2e.	19	29	39	49	59	69	79	89	99	
3e.	20	30	40	50	60	70	80	90		
4e.	21	31	41	51	61	71	81	91		
5e.	22	32	42	52	62	72	82	92		
6e.	10	11	12	13	14	15	16	17	18	

PREMIÈRE CLASSE.

Avant d'aller plus loin, nous allons donner les explications nécessaires, pour parvenir à l'appréciation de chaque chiffre du quotient des divisions de la première classe du tableau.

La première recherche que nous faisons dans ce but, consiste à extraire du premier chiffre ou, au besoin, des deux premiers de chaque dividende partiel, le multiple le plus élevé du premier chiffre du diviseur, afin de voir si la soustraction mentale que nous effectuons ensuite, laisse un reste suffisant pour couvrir les retenues à reporter du produit des chiffres suivants, du diviseur, multipliés par celui du quotient présumé.

Ce reste, que nous nommerons reste d'essai, est donc la première base de notre appréciation.

Voyons maintenant comment nous pourrons nous assurer, dans un grand nombre de cas, de la suffisance de ce reste, sans être obligé *de multiplier les derniers chiffres du diviseur par le quotient partiel présumé.*

Remarquons, d'abord, que le produit de deux chiffres quelconques, n'offre point de dizaines dont le chiffre soit aussi élevé que le plus petit de ses facteurs; exemples : $3 \times 4 = 12$; $5 \times 8 = 40$; $3 \times 3 = 9$; que même, si nous ajoutons à ces produits les dizaines à reporter de produits antérieurs, le résultat de cette addition ne donnera pas, à quelques rares exceptions près, de dizaines égales aux plus petits des facteurs ci-dessus.

En effet, si nous ajoutons le nombre 8 (qui est le chiffre le plus élevé des retenues que nous puissions avoir à reporter d'un produit à un autre) à 12, produit de 3×4; à 40, produit de 5×8; et à 9, produit de 3×3, nous obtiendrons $12 + 8 = 20$; $40 + 8 = 48$, et $9 + 8 = 17$, et les dizaines de ces sommes seront encore inférieures aux plus petits des facteurs ci-dessus, de 1 et de 2 unités. On trouve des différences de 3, lorsque les facteurs sont des nombres égaux, tels que $4 \times 4 = 16$; $6 \times 6 = 36$ etc., excepté 2×2, 8×8, et 9×9.

Or, si le reste d'un dividende partiel est égal ou supérieur, soit au deuxième chiffre du diviseur, soit au chiffre présumé devoir être inscrit au quotient, nous sommes assuré de la convenance de ce quotient présumé, puisqu'en le multipliant par le deuxième chiffre du diviseur, le résultat ne saurait occasionner une retenue aussi élevée que le plus petit de ses deux facteurs, que nous nommerons, pour plus de clarté, *facteurs-bases.*

Quant aux restes d'essai inférieurs aux plus petits des facteurs-bases, nous avons fait différentes remarques qui, combinées avec celles dont nous venons d'entretenir le lecteur, sont de nature à être converties en principes, pour l'exécution de toutes les divisions de la première classe du tableau de classification.

Nous allons donc formuler ces principes de manière à pouvoir être compris et étudiés par les élèves.

PREMIER PRINCIPE.

Avec un reste d'essai égal ou supérieur au plus petit des facteurs-bases, on écrit le quotient présumé sans tâtonnement.

Exemple :

285505	3458
8865	82
1949	

Expressions : en 28 combien de fois 3, 8 pour 24, reste 4, égal au deuxième chiffre du diviseur. Multipliant le diviseur par le quotient partiel 8, je dis 64 et 6 (que je pose au-dessous du cinquième chiffre du dividende) font 70, je retiens 7; 47 (retenue comprise) + 8 = 55; je retiens 5; 37 + 8 = 45, je retiens 4; 28 = 28, reste 0, j'abaisse 5; en 8 combien de fois 3, 2 pour 6, reste 2, égal au quotient présumé. Continuant comme ci-dessus : 16 + 9 = 25, je retiens 2; 12 + 4 = 16, je retiens 1 ; 9 + 9 = 18, je retiens 1 ; 7 + 1 = 8.

On voit, dans cet exemple, que les restes d'essai étant égaux aux plus petits des facteurs-bases, on a écrit le quotient sans tâtonnement.

Ce premier principe ne présente que quelques exceptions, dont nous nous serions abstenu de parler, si nous n'avions eu en vue de prévenir toute espèce de réfutation au sujet de ce principe.

Exceptions.

Le premier principe ne présente d'exceptions qu'en ce qui concerne les quotients partiels 8, pour la première section, et 9, pour toutes les sections.

On essaierait le quotient 8 dans les divisions de la première section, toutes les fois que le troisième chiffre du dividende serait inférieur à 2, et le troisième du diviseur supérieur à 6; dans le cas contraire on le poserait sans tâtonnement.

On essaierait le quotient 9, si le troisième chiffre du dividende était inférieur au troisième du diviseur

de 3 unités et plus	pour la	1re	section,
de 4	—	2e	—
de 5	—	3e	—
de 6	—	4e	—
de 7	—	3e	—
de 8	—	6e	—

DEUXIÈME PRINCIPE.

On procède à un double essai du quotient présumé, si le reste d'essai est inférieur d'une ou de deux unités, au plus petit des facteurs-bases, excepté le quotient 9, qui ne sera essayé qu'avec une différence d'une unité. Ce double essai aura également lieu avec une différence de trois unités, si les facteurs-bases présentent des nombres égaux, autres que 2×2; 8×8, et 9×9, qui seront essayés, d'après la règle générale, avec une différence d'une ou de deux unités.

Mais si cette différence est de 2 avec le quotient 9, de 3 pour les facteurs inégaux, et les facteurs égaux 2×2 et 8×8, et de 4 pour les autres facteurs égaux, le quotient présumé doit être diminué d'une unité, et inscrit sans aucune espèce de tâtonnement.

Dans l'un comme dans l'autre de ces deux cas, ce que nous avons dit au premier principe, de la comparaison du reste d'essai au deuxième chiffre du diviseur, est applicable au troisième et aux suivants, qui, dans un deuxième ou troisième essai, deviennent eux-mêmes, successivement, facteurs-bases.

PREMIER EXEMPLE :

Différences d'une et deux unités.

$$\begin{array}{r|l} 21564 & 342 \\ \cline{2-2} 1044 & 63 \\ 18 & \end{array}$$

Expressions : 1° En 21 combien de fois 3, 6 pour 18, reste 3 (inférieur d'une unité au plus petit facteur-base), donc je dois continuer l'essai et dire : 3 de reste qui vaut $30 + 5 = 35$; multipliant les deux facteurs-bases : 24 de 35, reste 11, plus grand que le troisième chiffre du diviseur, facteur-base. J'écris, dès lors, 6 au quotient sans nouvel essai; puis, je multiplie le diviseur par le quotient, je pose la différence du produit en m'exprimant ainsi : 12 et 4, 16, je retiens 1; 25 (y compris la retenue) égale 25 et je pose 0, je retiens 2; 20 et 1, 21;

2° En 10 combien de fois 3, 3 pour 9, reste 1, inférieur de deux unités au quotient partiel présumé, ce qui oblige un deuxième essai; 1 de reste qui vaut $10 + 4 = 14$; multipliant les deux facteurs-bases : 12 de 14, reste 2 égal au troisième du diviseur. J'écris 3 au quotient, sans nouvel essai, eu égard à cette dernière égalité.

DEUXIÈME EXEMPLE :

Différence d'une unité avec 9 au quotient.

2587	286
13	9

Expressions : en 25 combien de fois 2, 9 pour 18, reste 7, inférieur d'une unité au plus petit facteur-base. Je continue donc l'essai : 7 de reste qui vaut $70 + 8 = 78$; multipliant les facteurs-bases, je dis : 72 de 78 reste 6, égal au troisième chiffre ou deuxième facteur-base du diviseur. Je pose 9 au quotient sans nouvel essai, eu égard à cette égalité. Puis, multipliant le diviseur par le quotient, et soustrayant du dividende chacun des chiffres du produit, je dis : 54 et 3, 57; je retiens 5; 77, y compris la retenue, que je ne prononce pas, et 1, 78; je retiens 7; $25 = 25$, reste 0.

TROISIÈME EXEMPLE :

Différence de deux unités avec le quotient 9 réduit à 8.

4194	473
410	8

Expressions : En 41 combien de fois 4; si je dis 9 pour 36, reste 5, je vois que 5 est inférieur de deux unités au plus petit facteur-base, d'où je conclus, d'après le deuxième principe, que 9 est trop fort, et je pose 8 au quotient sans tâtonnement. Le reste de la division s'exécute comme aux exemples précédents.

QUATRIÈME EXEMPLE :

Différence de 3 avec les facteurs inégaux.

3296	674
600	4

Expressions : En 32 combien de fois 6; si je dis 5 pour 30, reste 2, je vois que 2 est inférieur à 5 de 3 unités, et j'écris 4 au quotient sans essayer.

CINQUIÈME EXEMPLE :

Différence de 4 avec les facteurs égaux.

3894	574
450	6

Expressions : En 38 combien de fois 5; si je dis 7 pour 35, reste 3, je vois une différence de 4 avec l'un des deux facteurs 7, et j'aperçois que ces deux facteurs sont égaux, ce qui m'annonce que 7 ne convient pas au quotient, et que je dois y écrire 6 sans tâtonnement.

SIXIÈME EXEMPLE :

Application des deux principes au troisième chiffre du diviseur, dans le cas d'un reste égal à ce chiffre.

143876	35349
2480	4

Expressions : En 14 combien de fois 3; 4 pour 12, reste 2, inférieur de 2 au quotient. Donc je dois continuer l'essai : 2 de reste avec 3 que je place à côté, égalent 23. Multipliant les deux premiers facteurs-bases, je dis : 20 de 23, reste 3, égal au troisième chiffre du diviseur, et j'écris 4 au quotient sans essayer.

Si les élèves ont été bien suivis dans les premiers exercices, et si on leur a fait exécuter plusieurs fois chacune des divisions précédentes, après les avoir instruits des principes ci-dessus, ils seront à même de faire toutes les divisions de la première classe sans hésitation et sans tâtonnement.

Pour terminer l'étude des divisions de la première classe, nous allons en exécuter une avec le laconisme propre à notre méthode.

Nous ne saurions trop recommander ce laconisme à l'attention des maîtres et des élèves, qui, d'un autre côté, devront se rappeler que toutes les opérations doivent avoir lieu avec promptitude et à haute voix, et surtout au tableau.

3836484	4659
10928	823
16104	
2127	

Expressions : En 38 combien de fois 4; 8 pour 32, reste 6, égal à 6; 72 et 2, 74, je retiens 7; 47 et 9, 56, je retiens 5; 53, quitte, je retiens 5; 37 et 1, 38 = 38. J'abaisse 8.

En 10 combien de fois 4; 2 pour 8, reste 2, égal à 2 et j'écris 2; 18 = 18, je retiens 1; 11 et 1, 12, je retiens 1; 13 et 6, 19, je retiens 1; 9 et 1, 10. J'abaisse 4.

En 16 combien de fois 4; 3 pour 12, reste 4 plus fort que 3 que j'écris; 27 et 7, 34, je retiens 3; 18 et 2, 20, je retiens 2; 20 et 1, 21, je retiens 2; 14 et 2, 16.

DEUXIÈME CLASSE.

Les principes établis par nous pour les divisions de la première classe, ne pouvant s'appliquer avantageusement qu'aux diviseurs ayant pour deuxièmes chiffres 3, 4, 5, 6, 7 ou 8, et commençant par deux chiffres supérieurs à 22, nous avons dû former d'autres classes qui présentassent chacune un caractère particulier et de nature à faire disparaître la plus grande somme possible de difficultés.

La deuxième classe comprend tous les diviseurs commençant par les nombres 19, 29, 39, 49....99.

Dans cette sorte de division, si nous prenons pour base de notre appréciation du quotient, le chiffre immédiatement supérieur au premier du diviseur, nous sommes incontestablement plus dans le vrai, qu'en maintenant ce premier chiffre. En effet, 39, par exemple, est beaucoup plus près de 40 que de 30.

D'un autre côté, il est évident que plus le diviseur est élevé, plus le quotient est faible. Donc, en divisant un nombre par 40, pris pour 39, nous aurons le quotient présumé le plus petit possible, et nous ne saurions avoir de doute qu'au sujet d'un chiffre plus élevé.

Encore, pour que ce quotient pût s'augmenter d'une unité, il faudrait que le reste d'essai eût un premier chiffre égal au premier du diviseur; car ce reste, si le diviseur n'a que deux chiffres, ne se trouvera jamais amoindri que dans son second chiffre, et par l'effet de l'augmentation que nous faisons subir au produit à soustraire, en ajoutant 1 unité à 39, et en multipliant cette unité par le quotient présumé.

Il est, dès lors, indubitable que, si le dividende est multiple du diviseur 39, et que nous divisions par 40, à titre d'essai, le reste, augmenté du quotient, sera égal au diviseur.

EXEMPLE :

Divisant 117 par 40, pris pour 39, je dirai : en 117 combien de fois 40; 2 pour 80, reste 37 égal à 39 — 2, quotient présumé.

Il s'en suit que ce quotient doit être augmenté d'une unité, attendu que le reste d'essai présente les dizaines du diviseur réel, et que son second chiffre sera égal à celui du diviseur, si on lui restitue les 2 unités dont il a été amoindri par l'effet de la multiplication de 40, au lieu de 39, par le quotient présumé.

Il résulte de ces divers raisonnements, 1° que si le reste d'essai est inférieur au premier chiffre du diviseur, nous n'aurons aucun essai à faire du quotient présumé, soit en plus, soit en moins;

EXEMPLE :

1800	399
204	4

Dans l'exécution je dis : en 18 combien de fois 4; 4 pour 16, reste 2, inférieur au premier chiffre du diviseur. Donc, celui-ci n'est contenu que 4 fois.

2° Qu'alors même que le reste d'essai serait égal au premier chiffre du diviseur, le quotient présumé ne peut être augmenté d'une unité qu'autant que ce quotient et le deuxième chiffre du dividende (si l'essai n'a lieu que sur le premier), ou le troisième (si l'essai porte sur les deux premiers) formeraient un total égal à 9.

EXEMPLE :

868	290
288	2

Si je dis : en 8 combien de fois 3 ; 2 pour 6, reste 2, égal au premier chiffre du diviseur ; je vois que le deuxième chiffre du dividende, 6, et celui du quotient présumé, 2, ne forment pas un total de 9, et j'en conclus que le diviseur n'est contenu que 2 fois dans le dividende. J'écris donc 2 au quotient sans essayer.

DEUXIÈME EXEMPLE DU MÊME PRINCIPE.

3429	490
489	6

En 34 combien de fois 5 ; 6 pour 30, reste 4, égal au premier chiffre du diviseur, et comme je remarque que le troisième du dividende et celui du quotient présumé ne forment pas 9, je pose 6 au quotient sans essayer.

TROISIÈME EXEMPLE OU LE QUOTIENT DOIT SUBIR UN DOUBLE ESSAI.

1979	396
395	4

En 19 combien de fois 4; 4 pour 16, reste 3, égal au premier chiffre du diviseur; le troisième du dividende et celui du quotient présumé ($7 + 4 = 11$) formant plus de 9, j'essaie une fois de plus; mais alors conformément aux principes de la première classe, applicables à toutes les autres en cas de double essai, et je dis : en 19 combien de fois 3; 5 pour 15, reste 4, inférieur d'une unité au quotient présumé 5, ce qui m'oblige à continuer l'essai. J'abaisse 7 mentalement à la droite du reste 4, et j'ai 47; multipliant les deux facteurs-bases, j'obtiens 45 que j'ôte de 47, reste 2, inférieur de 3 au quotient présumé 5, ce qui prouve que le diviseur n'est contenu que 4 fois.

QUATRIÈME EXEMPLE OU LE QUOTIENT DOIT ÊTRE AUGMENTÉ D'UNE UNITÉ.

2379	591
15	4

En 23 combien de fois 6; 3 fois pour 18, reste 5, égal au premier chiffre du diviseur, et comme le troisième du dividende, 7, et celui du quotient présumé, 3, forment plus de 9, j'essaie 4 fois pour 20, reste 3, qui n'est inférieur que de 1 au quotient présumé; je continue l'essai et je dis : 3 de reste placé avant le 7 du dividende, égal 37; multipliant les deux facteurs-bases (4 × 9), je dis : 36 de 37, reste 1, égal au troisième chiffre du diviseur, et j'écris 4 au quotient.

Les expériences auxquelles nous nous sommes livré, afin de calculer les avantages de notre procédé, nous ont démontré que les 44/9 parties des divisions de la deuxième classe, ne doivent occasionner aucun tâtonnement

Nous allons, au surplus, effectuer quelques divisions posées au hasard, pour démontrer l'exactitude de cette assertion, et formuler les expressions qu'il importe d'employer, en vue de procurer aux élèves l'habileté et l'exactitude.

Dividende	Diviseur
1048645	2964
15944	353
11245	
2353	

Expressions : En 10 combien de fois 3, 3 pour 9, reste 1, inférieur à 2 (premier chiffre du diviseur), et j'écris 3 au quotient sans essayer. Multiplications et soustractions : 12 et 4 (que je pose sous le dividende), 16, je retiens 1; 19 (compris la retenue)

et 9, 28, je retiens 2; 29 et 5, 34, je retiens 3; 9 et 1, 10; j'abaisse 4.

En 15 combien de fois 3; 5 pour 15, reste 0, inférieur à 2 (je pose 5 au quotient sans essayer); 20 et 4, 24, je retiens 2; 32 et 2, 34, je retiens 3; 48 et 1, 49, je retiens 4; 14 et 1, 15. J'abaisse 5.

En 11 combien de fois 3; 3 pour 9, reste 2, égal à 2; mais le troisième chiffre du dividende partiel, 2, et le quotient présumé, 3, ne formant pas 9, j'écris ce quotient sans essayer : 12 et 3, 15, je retiens 1; 19 et 5, 24, je retiens 2; 29 et 3, 32, je retiens 3; 9 et 2, 11.

874389	3985
7738	219
37539	
1674	

Expressions : En 8 combien de fois 4; 2 pour 8, reste 0; (j'écris 2 au quotient sans essayer, parce que le reste est inférieur au premier chiffre du diviseur); après les multiplications et soustractions faites comme ci-dessus, j'abaisse 8.

En 7 combien de fois 4, 1, reste 3, égal à 3; mais comme le deuxième chiffre du dividende partiel, 7, et le quotient présumé, 1, ne forment pas 9, j'écris ce quotient sans essayer.

En 37 combien de fois 4; 9 pour 36, reste 1, inférieur à 3, et j'écris 9 au quotient.

On conçoit que plus le premier chiffre du diviseur est élevé, et moins on a d'essais à faire en suivant notre procédé.

Nous allons nous livrer à un autre ordre d'idées, avant de passer aux divisions des autres classes, afin d'en faciliter l'exécution. C'est-à-dire que nous allons faire de nouveaux exercices, qui ont pour but d'étendre les facultés des élèves, au point de vue des calculs les plus compliqués.

Toutefois, ces exercices seront chaque jour précédés de l'exécution des règles apprises.

EXERCICES DE DIVISIONS, SUR LES DIZAINES.

PREMIER EXERCICE.

Nous rappellerons d'abord au souvenir de l'élève, qu'en ajoutant un zéro à la droite d'un nombre quelconque, ce nombre devient 10 fois plus grand; que, conséquemment, 4 prend cette forme 40, appelée quarante; 6 devient 60; 9 devient 90; 5 devient 50; 7 devient 70; 3 devient 30; 2 devient 20; 8 devient 80 et 1 devient 10.

Si, contrairement à toute probabilité, l'élève ignorait ou avait oublié cette simple partie de la numération, il faudrait le ramener à l'étude des tableaux n°s 1, 2 et 4.

Après quoi, nous prenons le tableau n° 6, et nous faisons faire, à l'élève, l'addition de chaque aspect, en considérant les nombres dont cet aspect est composé, comme des dizaines.

A cet effet, nous inscrirons au tableau noir la première ligne sous forme de dizaines.

EXEMPLE :

30	20	20	30	20	20	20	40	50
40	70	40	60	50	30	60	50	50

Le maître ou le moniteur questionnera l'élève en ces termes : 3 et 4 dizaines? l'élève répondra assurément sans balancer, font 7 dizaines. On lui demandera aussitôt combien valent 7 dizaines, ce que celui-là apprendrait à l'instant s'il l'ignorait. Toute la ligne serait apprise de même. On passerait de là aux questions suivantes : 30 et 40? 20 et 70? 20 et 40?

Pareils exercices seraient faits sur toutes les lignes du tableau n° 6, et ne seraient abandonnés qu'après une exécution parfaite et prompte, de la part de chaque élève.

DEUXIÈME EXERCICE.

Des additions de cette nature seraient ensuite faites sur les mêmes dizaines, avec adjonction d'unités à l'un des nombres de chaque aspect.

EXEMPLE :

31	27	23	39	25	28	22	46	34
40	70	40	60	50	30	60	50	50

L'élève sera questionné en ces termes :

30 et 40? et subsidiairement 31 et 40? 20 et 70? 27 et 70? ainsi de suite.

L'élève sera tenu de dire ensuite, sans le secours du maître, la somme de chaque aspect : 71, 97, 64.... 84. Ce double exercice sera continué pour tout le tableau.

On fera également ces exercices sur les aspects des tableaux nos 7 et 8.

EXEMPLE :

130	120	120	130	120	120	120	140	130
40	70	40	60	50	30	60	50	50

Questions : 13 et 4 dizaines? 12 et 7 dizaines? etc.
130 et 40? 120 et 70? ..... 130 et 50?
131 et 40? 127 et 70? ..... 134 et 50?

TROISIÈME EXERCICE.

Dès que les élèves feront les exercices ci-dessus, prestement et sans hésitation, ils seront appliqués à multiplier des dizaines par des unités, les unes et les autres prises au tableau n° 6.

EXEMPLE :

30	20	20	30	20	20	20	40	30
4	7	4	6	5	3	6	5	5

On leur fera d'abord multiplier les chiffres significatifs, tels que 4 fois 3, 7 fois 2......, 5 fois 3. Ensuite on leur demandera ce que valent 12 dizaines, 14 dizaines, 8 dizaines.... et 15 dizaines. Enfin 4 fois 30, 7 fois 20.... et 5 fois 30. Ainsi des autres lignes du tableau n° 6.

Ces exercices ne peuvent durer que quelques jours pour être parfaitement exécutés.

QUATRIÈME EXERCICE.

31	22	21	32	22	21	22	41	31
4	7	4	6	5	3	6	5	5

Questions : 4 fois 30? 1 fois 4? 120 et 4? 7 fois 20? 7 fois 2? 140 et 14? etc.

L'élève finira par dire seul, sur le premier aspect : 120 et 4, 124; sur le deuxième : 140 et 14, 154; sur le troisième : 80 et 4, 84; sur le quatrième : 180 et 12, 192. On lui fera remarquer qu'il doit porter ses regards d'abord sur les facteurs des dizaines et ensuite sur les unités.

Tout le tableau n° 6 fera l'objet de pareils exercices, qui sont de la plus haute importance, et que l'on ne doit dès lors quitter qu'après une parfaite exécution.

Dès ce moment, les élèves seront à même de faire les divisions des troisième, quatrième et cinquième classes.

DIVISIONS DE TROISIÈME CLASSE.

Ces divisions ont pour premiers chiffres aux diviseurs, 20, 30, 40, 50, 60, 70, 80, 90, et s'exécutent non plus sur des unités, mais bien sur des dizaines et des centaines.

EXEMPLE :

```
654484 | 2058
 3708  |-----
  16504|  318
     40|
```

Les divisions de cette classe s'effectueront d'après les principes de la première; seulement les facteurs-bases se composent du troisième chiffre du diviseur et du quotient présumé.

Expressions : en 65 combien de fois 20, 3 fois pour 60, reste 5, supérieur au plus petit des facteurs-bases, ce qui prouve que 3 convient au quotient. Multipliant et soustrayant, je dis : 24 égal 24, et je pose 0 au dividende, je retiens 2; 17 et 7, 24, je retiens 2; 62 et 3, 65, j'abaisse 8.

En 37 combien de fois 20, 1 fois pour 20, reste 17, plus fort que les facteurs-bases; donc je pose 1 au quotient; procédant comme ci-dessus, je dis : 8 égal 8; 5 et 5, 10, je retiens 1; 21 et 6, 27, 27 et 10, 37; j'abaisse 4.

En 165 combien de fois 20 (c'est comme si je disais en 16 combien de fois 2), 8 pour 160, reste 5, égal au plus petit facteur-basè. Je pose conséquemment 8 au quotient sans essayer. Je dis ensuite : 64 égal 64, je retiens 6; 46 et 4, 50, je retiens 5; 165 égal 165.

AUTRE EXEMPLE.

185943	6085
3393	30

Expressions : en 185 combien de fois 60 (c'est comme si je disais en 18 combien de fois 6), 3 fois pour 180, reste 5, plus fort que le plus petit facteur-base, donc je pose 3 sans essayer.

Multiplications et soustractions : 15 et 9, 24; je retiens 2; 26 et 3, 29; je retiens 2; 182 et 3, 185; j'abaisse 3; 60 n'étant pas contenu dans 33, j'écris 0 au quotient.

QUATRIÈME CLASSE.

Cette classe comprend tous les diviseurs dont les deux premiers chiffres sont 21, 31, 41, 51... 91.

EXEMPLE :

443659	2185
6659	203
104	

Les divisions de cette classe doivent s'exécuter aussi facilement que celles de la troisième, puisque le produit de la multiplication des deux premiers chiffres du diviseur par le quotient, ne diffère qu'en ce qui concerne l'unité du deuxième rang :

$$20 \times 2 = 40 \text{ et } 21 \times 2 = 42.$$

Pour l'appréciation du quotient, il suffit donc, après avoir reconnu combien de fois les dizaines des deux premiers chiffres du diviseur, sont contenues dans le dividende partiel, de multiplier d'abord ces dizaines et d'ajouter au produit le chiffre présumé du quotient.

Dans l'exemple ci-dessus nous disons : en 44 combien de fois 21 (c'est comme si je disais en 4 combien de fois 2), 2 pour 40 + 2 du quotient présumé, font 42, reste 2, égal au plus petit des facteurs-bases (2×8). J'écris 2 au quotient sans essayer.

Multiplications et soustractions : 10 et 6, 16, je retiens 1 ; 17 et 6, 23, je retiens 2 ; 42 et 2 de retenue, 44 égal 44. J'abaisse 5.

21 n'étant plus contenu dans 6, j'écris 0 au quotient et j'abaisse 9.

En 66 combien de fois 21, 3 pour 60 + 3 du quotient présumé, 63 reste 3, égal au plus petit des facteurs-bases (3× 8), et j'écris 3 au quotient ; 15 et 4, 19 ; je retiens 1 ; 25 = 25 ; je retiens 2 ; 63 + 2 de retenue = 65 ; 65 + 1 = 66.

CINQUIÈME CLASSE.

Cette classe renferme tous les diviseurs commençant par les nombres 22, 32, 42...., 92.

Les élèves étant parvenus à faire mentalement, avec une grande habileté, toutes les additions, soustractions et multiplications effectuées dans la division, il ne doit pas leur être beaucoup plus difficile de faire celles de la cinquième classe que les autres, bien qu'il s'agisse, au cas particulier, d'ajouter au produit des dizaines des deux premiers chiffres de la division, le double du quotient présumé, pour avoir le produit réel de ces deux premiers chiffres.

EXEMPLE :

25204358	6295
24358	4003
5473	

En 252 combien de fois 62 (c'est comme en 25 combien de fois 6), 4 fois pour 24 dizaines ou 240 plus le double du quotient présumé ou 240 + 8 = 248, reste 4, égal au plus petit des facteurs-bases (4 × 9), donc je pose 4 au quotient sans essayer. Après avoir multiplié et soustrait, comme précédemment, j'abaisse 3.

Je vois qu'après avoir abaissé successivement 3 et 5, le diviseur n'est pas contenu, et j'écris deux zéros au quotient. J'abaisse 8.

En 243 combien de fois 62 (c'est comme en 24 combien de fois 6), 4 pour 24 dizaines ou 240 plus le double du quotient présumé ou 240 + 8 = 248, qui est plus fort que 243 du dividende. Donc le diviseur n'est contenu que 3 fois, que j'écris au quotient sans essayer.

Bien qu'il puisse sembler plus facile, au premier coup d'œil, de faire ces divisions par le premier chiffre du diviseur, nous pouvons assurer que nos élèves sont parvenus à les exécuter, d'après notre méthode, avec une grande supériorité d'exactitude et de vitesse.

SIXIÈME CLASSE.

Cette classe se compose de tous les diviseurs commençant par les nombres 10, 11, 12, 13, 14, 15, 16, 17 et 18.

Les divisions de cette classe, qui sont les plus difficiles pour les enfants, tant qu'ils sont obligés de chercher combien de fois le premier chiffre du diviseur est contenu dans le premier du dividende, leur deviennent les plus faciles, dès qu'ils connaissent les neuf premiers multiples des nombres ci-dessus, parce qu'alors ils prennent deux chiffres au diviseur pour la recherche du quotient.

Nous soumettrons donc préalablement nos élèves à un exercice qui doit leur procurer cette connaissance.

Quant aux deux premiers nombres 10 et 11, il nous suffira, pour leur en faire trouver sans peine les produits, de leur faire remarquer qu'un nombre quelconque multiplié par 10, devient dix fois plus grand, et ne change de forme que par l'adjonction d'un zéro placé à sa droite.

EXEMPLE :

$10 \times 6 = 60$; $10 \times 3 = 30$; $10 \times 8 = 80$, etc.,

Que tout nombre des unités du premier ordre, multiplié par 11, prend une forme double, facile à retenir.

EXEMPLE :

$11 \times 6 = 66$; $11 \times 5 = 55$; $11 \times 8 = 88$; $11 \times 2 = 22$; $11 \times 4 = 44$; $11 \times 7 \times 77$; $11 \times 9 = 99$; $11 \times 3 = 33$.

Pour les autres multiples, que nous étudierons alternativement et séparément, nous inscrirons au tableau noir chaque multiple avec ses deux facteurs en regard, en évitant toutefois l'ordre ordinaire de leur gradation; voir le tableau imprimé n° 15.

Nous faisons d'abord lire à l'élève toutes les lignes du premier cadre ; ensuite nous effaçons le premier produit, que nous lui faisons répéter sans le voir ; nous effaçons en outre le deuxième, et il répète les deux ; il en est de même des autres ; ceux qu'il ne pourrait dire seraient rétablis et effacés, jusqu'à ce qu'il parvienne à les réciter tous. Dès qu'il les connaîtra parfaitement, on les rétablira au tableau et on en effacera aussi, les uns après les autres, les facteurs d'unités simples ; alors, on lui fera les questions suivantes :

En 72 combien de fois 12 ; en 24 combien de fois 12. Ce double exercice sera renouvelé aussi longtemps que l'élève conservera le moindre doute sur ses résultats.

Comme dans nos autres leçons, on s'abstiendra rigoureusement de passer d'un cadre du tableau à un autre, avant que l'élève ne soit en état d'en dire, sans hésitation et prestement, tous les produits et les facteurs effacés.

Dès que l'élève sera à même de dire tous ces produits et facteurs pour tous les cadres, il pourra faire toutes les divisions de la sixième classe, dont nous allons donner quelques exemples.

PREMIER EXEMPLE.

4485694	10858
14249	413
33914	
1340	

Toutes les fois que le deuxième chiffre du dividende partiel est égal ou supérieur au premier, on doit être persuadé que celui-ci peut être inscrit au quotient sans essayer; si ce deuxième chiffre est moins élevé que le premier, mais égal ou supérieur au troisième du diviseur, on peut de même poser le premier au quotient sans essayer. Un chiffre du quotient ne peut être plus élevé que le premier du dividende partiel auquel il doit son existence, si ce n'est lorsque nous prendrons trois chiffres au dividende pour 2 au diviseur.

Dans l'exemple ci-dessus, nous disons : en 44 combien de fois 10, 4 fois sans essayer, parce que le deuxième du dividende est égal au premier. Multipliant et soustrayant : 32 et 4, 36, je retiens 3; 23 et 2, 25, je retiens 2; 34 et 4, 38, je retiens 3; 43 et 1, 44 et j'abaisse 9.

En 14 combien de fois 10, 1 fois, le deuxième chiffre du dividende étant plus fort que le premier (le reste de l'opération comme ci-dessus). J'abaisse 4.

En 33 combien de fois 10, 3, le deuxième chiffre du dividende étant égal au premier.

En jetant un coup d'œil sur le deuxième chiffre de chaque dividende partiel, nous aurions pu nous borner à inscrire le premier au quotient sans recherche.

DEUXIÈME EXEMPLE.

5200049	10254
73049	507
1271	

Nous inscrirons au quotient le premier chiffre du dividende, parce que le second est égal au troisième du diviseur.

Le diviseur n'étant point contenu dans le deuxième dividende partiel, nous inscrirons 0 au quotient.

Nous inscrirons au quotient le premier chiffre du troisième dividende partiel, parce que le deuxième chiffre est plus fort que le troisième du diviseur.

Dans le cas où, selon les prévisions des principes de la première classe, le deuxième chiffre du dividende serait inférieur à son premier ou au troisième du diviseur, de 1 ou de 2 unités, on procéderait à un essai du premier chiffre comme quotient; si la différence était de 3 en moins, le premier chiffre du dividende serait porté au quotient, après avoir subi une réduction d'une unité.

EXEMPLE :

855454	10854
95674	78
3842	

Le deuxième chiffre du dividende étant inférieur de trois unités au premier, nous inscrirons celui-ci pour une unité de moins.

Il en est de même du deuxième dividende, dont le deuxième chiffre est inférieur de trois unités au troisième du diviseur.

Les observations qui précèdent ne sont relatives qu'aux diviseurs commençant par 10.

Quant aux divisions qui vont suivre, nous y procéderons comme aux classes quatrième et cinquième.

EXEMPLE :

```
10854385 | 11428
  56918  |------
 112065  | 949
   9213  |
```

Expressions : en 108 combien de fois 11, 9 pour 99, reste 9, plus fort que le plus petit des facteurs-bases (9 × 4). Multipliant et soustrayant : 72 et 1, 73, je retiens 7; 25 et 9, 34, je retiens 3; 39 et 6, 45, je retiens 4; 103 et 5, 108, j'abaisse 8.

En 56 combien de fois 11; si je dis 5 pour 55, reste 1, je vois que ce reste est inférieur de trois unités au troisième chiffre du diviseur, et je pose 4 au quotient (multiplication et soustraction comme ci-dessus). J'abaisse 5 et je dis : en 112 combien de fois 11, 9 pour 99, reste 13 : on sait que 9 peut couvrir les plus fortes retenues; dès lors, j'écris 9 au quotient sans essayer, et j'effectue la multiplication et la soustraction.

AUTRE EXEMPLE.

```
1150045 | 1274
   3445 |------
    897 | 902
```

En 115 combien de fois 12, 9 pour 108, reste 7 égal au plus petit facteur-base, et j'écris 9 au quotient sans essayer; etc...

Le diviseur n'étant pas contenu dans le deuxième dividende partiel, je pose 0 au quotient.

En 34 combien de fois 12, 2 pour 24, reste 10 plus que suffisant.

Il en sera de même des autres diviseurs par 13, 14, 15, 16, 17, 18.

Nous pensons que nos exercices seront suffisamment compris par les maîtres et les élèves, pour qu'il nous soit permis de terminer ici notre tâche, qui ne va pas au delà des quatre premières opérations de l'arithmétique.

Toutefois, nous croyons devoir faire part à nos lecteurs, d'un autre procédé extrêmement simple et commode, à l'aide duquel des élèves de l'âge le plus tendre, sachant faire les trois premières règles avec l'habileté que procure la méthode, sont parvenus, en très-peu de temps, à exécuter toutes les divisions de la manière la plus prompte et la plus exacte.

Nous nous en serions tenu à ce procédé, si nous n'avions craint de laisser ignorer à nos élèves la marche habituellement suivie, et, surtout, de porter atteinte à l'uniformité de l'enseignement élémentaire. Nous nous bornerons donc à soumettre ce procédé au public, comme simple renseignement.

Du reste, il repose sur cet axiome d'arithmétique, que l'on peut multiplier et diviser les deux termes d'une division par un même nombre, sans changer pour cela le quotient.

Il consiste, en effet, à multiplier par un nombre simple, les deux termes de toute division, pour ramener les deux premiers chiffres du diviseur aux nombres 10, 11, 12, 13, 14, 15, 16, 17, 18, 19, ce qui fait que les 89 variantes que le hasard nous offre dans les diviseurs, se réduisent à 10.

Ainsi, l'étude de la division serait restreinte à la connaissance des multiples de ces dix nombres; encore ceux de 10 et 11, ont une forme particulière qui ne nécessite aucune espèce de travail.

Quant aux chiffres devant servir de multiplicateurs aux deux termes des divisions, rien n'est plus simple.

EXEMPLE :

Les diviseurs commençant par les nombres

de 20 à 24 × 5 = de 10 à 12
de 25 à 33 × 4 = de 10 à 13
de 34 à 49 × 3 = de 10 à 14
de 50 à 79 × 2 = de 10 à 15
de 80 à 84 × 2 = » 16
de 85 à 89 × 2 = » 17
de 90 à 94 × 2 = » 18
de 95 à 99 × 2 = » 19

Toutes les divisions se feraient donc par 10, 11, 12...., 19; nombres qui, au moyen des exercices que nous prescrivons pour la sixième classe et des principes établis pour la première, deviendraient tellement familiers aux calculateurs comme aux élèves, que la division ne présenterait aucune difficulté.

A la vérité, il y aurait un surcroît de travail occasionné par la multiplication du dividende et du diviseur; mais la célérité et l'exactitude propres à la méthode, et, en outre, la facilité d'exécution qui résulterait de l'habitude d'opérer sur un si petit nombre de chiffres, compenseraient évidemment, et au delà, le temps employé à faire cette multiplication.

Par exemple, qu'il s'agisse de cette division, dont je multiplierai les 2 termes par 4 :

```
   53485658     :    26458
 ----------->×4×------------
  213942632   |   105832
    227863    |-----------
     161992   |    2021
      56160   |
```

Assurément, je suis moins de temps pour la faire dans les derniers termes que dans les premiers, en ce que je n'ai qu'à copier au quotient les premiers chiffres de chaque dividende partiel, conformément aux remarques que j'ai formulées à la sixième classe, à l'occasion des diviseurs ayant pour premiers chiffres le nombre 10.

Du reste, on ne saurait nier, qu'en prenant deux chiffres au diviseur pour déterminer chaque chiffre du quotient, notre appréciation ne fût plus facile et plus sûre qu'en n'en utilisant qu'un.

Si j'ai pris pour exemple cette division, c'est que celles que nous aurions à exécuter par 10 et par 11, ensuite de la transformation des diviseurs de 20 à 50, sont les plus nombreuses et d'autant plus préférables, que les diviseurs de 20 à 50 sont ceux qui présentent le plus de difficultés aux élèves, surtout lorsque le deuxième chiffre est élevé.

(Suivent les tableaux.)

Premier tableau.

NUMÉRATION.

4	9	2	6	8	5	1	7	3
40	90	20	60	80	50	10	70	30
47	92	29	63	81	56	14	75	38
42	97	23	69	86	54	18	71	35
49	95	27	62	84	58	13	76	31
41	99	22	68	85	53	16	74	39
45	93	26	64	82	51	19	77	33
48	91	24	66	87	59	15	72	37
43	98	21	65	89	52	17	78	32
46	94	25	61	88	57	12	73	36
44	96	28	67	83	55	11	79	34

Deuxième tableau.

4	9	2	6	8	5	1	7	3
40	90	20	60	80	50	10	70	30
400	900	200	600	800	500	100	700	300
414	912	215	611	813	516	119	717	318
422	929	223	625	826	521	124	728	327
439	934	237	632	831	533	138	736	335
443	947	246	644	849	548	141	745	342
458	953	254	659	852	555	157	751	356
467	965	268	666	864	562	163	769	361
471	976	272	677	878	574	175	773	379
485	981	289	688	887	582	186	784	383
496	998	291	693	895	599	192	797	394
401	904	207	605	809	503	106	702	308
410	920	250	660	840	570	150	790	380

Troisième tableau.

1	10	11	12	13	14	15	16	17	18	19
2	20	21	22	23	24	25	26	27	28	29
3	30	31	32	33	34	35	36	37	38	39
4	40	41	42	43	44	45	46	47	48	49
5	50	51	52	53	54	55	56	57	58	59
6	60	61	62	63	64	65	66	67	68	69
7	70	71	72	73	74	75	76	77	78	79
8	80	81	82	83	84	85	86	87	88	89
9	90	91	92	93	94	95	96	97	98	99
	100									

Quatrième tableau.

Trillons.	Billons.	Millions.	Mille.	Unités.
				304
			3	008
			20	030
			300	400
		8	009	048
		90	018	627
		700	206	509
	6	004	000	212
	70	069	085	068
	808	313	500	900
5	402	805	403	708
40	008	547	390	014
608	023	203	497	342

Cinquième tableau (*en cinq parties*).

EXERCICES D'ADDITION ET DE MULTIPLICATION POUR L'ÉTUDE SANS MAITRE.

Première partie.

Produits.	Sommes.									
12	7	3 4								
14	9	2 7	3 4							
8	6	2 4	2 7	3 4						
18	9	3 6	2 4	2 7	3 4					
10	7	2 5	3 6	2 4	2 7	3 4				
6	5	2 3	2 5	3 6	2 4	2 7	3 4			
12	8	2 6	2 3	2 5	3 6	2 4	2 7	3 4		
20	9	4 5	2 6	2 3	2 5	3 6	2 4	2 7	3 4	
15	8	3 5	4 5	2 6	2 3	2 5	3 6	2 4	2 7	3 4
Ligne récapitulative..		3 4	2 7	2 4	3 6	2 5	2 3	2 6	4 5	3 5
La même inverse....		4 3	7 2	4 2	6 3	5 2	3 2	6 2	5 4	5 3

Deuxième partie.

Produits.	Sommes.									
		7								
56	15	8								
		6	7							
48	14	8	8							
		3	6	7						
21	10	7	8	8						
		8	3	6	7					
72	17	9	7	8	8					
		3	8	3	6	7				
24	11	8	9	7	8	8				
		7	3	8	3	5	7			
63	16	9	8	9	7	8	8			
		5	7	3	8	3	6	7		
30	11	6	9	8	9	7	8	8		
		6	5	7	3	8	3	6	7	
54	15	9	6	9	8	9	7	8	8	
		4	6	5	7	3	8	3	6	7
24	10	6	9	6	9	8	9	7	8	8
		7	6	3	8	3	7	5	6	4
		8	8	7	9	8	9	6	9	6
		8	8	7	9	8	9	6	9	6
		7	6	3	8	3	7	5	6	4
		3	2	2	3	2	2	2	4	3
		4	7	4	6	5	3	6	5	5

Troisième partie.

Produits.	Sommes.									
		2								
18	11	9								
		2	2							
16	10	8	9							
		4	2	2						
36	13	9	8	9						
		5	4	2	2					
40	13	8	9	8	9					
		4	5	4	2	2				
32	12	8	8	9	8	9				
		5	4	5	4	2	2			
45	14	9	8	8	9	8	9			
		6	5	4	5	4	2	2		
42	13	7	9	8	8	9	8	9		
		3	6	5	4	5	4	2	2	
27	12	9	7	9	8	8	9	8	9	
		5	3	6	5	4	5	4	2	2
35	12	7	9	7	9	8	8	9	8	9
		2	2	4	5	4	5	6	3	5
		9	8	9	8	8	9	7	9	7
		9	8	9	8	8	9	7	9	7
		2	2	4	5	4	5	6	3	5
		7	6	3	8	3	7	5	6	4
		8	8	7	9	8	9	6	9	6
		3	2	2	3	2	2	2	4	3
		4	7	4	6	5	3	6	5	5

Quatrième partie.

Produits.	Sommes.									
		4								
28	11	7								
		1	4							
8	9	8	7							
		1	1	4						
2	3	2	8	7						
		1	1	1	4					
5	6	5	2	8	7					
		1	1	1	1	4				
9	10	9	5	2	8	7				
		1	1	1	1	1	4			
3	4	3	9	6	2	8	7			
		1	1	1	1	1	1	4		
6	7	6	3	9	5	2	8	7		
		1	1	1	1	1	1	1	4	
4	5	4	6	3	9	5	2	8	7	
		1	1	1	1	1	1	1	1	4
7	8	7	4	6	3	9	5	2	8	7
		4	1	1	1	1	1	1	1	1
		7	8	2	5	9	3	6	4	7
		7	8	2	5	9	3	6	4	7
		4	1	1	1	1	1	1	1	1
		9	8	9	8	8	9	7	9	7
		2	2	4	5	4	5	6	3	5
		8	8	7	9	8	9	6	9	6
		7	6	3	8	3	7	5	6	4
		4	7	4	6	5	3	6	5	5
		3	2	2	3	2	2	2	4	3

Cinquième partie.

Produits.	Sommes.									
		3								
9	6	3								
		7	3							
49	14	7	3							
		5	7	3						
25	10	5	7	3						
		2	5	7	3					
4	4	2	5	7	3					
		8	2	5	7	3				
64	16	8	2	5	7	3				
		4	8	2	5	7	3			
16	8	4	8	2	5	7	3			
		6	4	8	2	5	7	3		
36	12	6	4	8	2	5	7	3		
		9	6	4	8	2	5	7	3	
81	18	9	6	4	8	2	5	7	3	
		1	9	6	4	8	2	5	7	3
1	2	1	9	6	4	8	2	5	7	3
		3	7	5	2	8	4	6	9	1
		3	7	5	2	8	4	6	9	1
		4	1	1	1	1	1	1	1	1
		7	8	2	5	9	3	6	4	7
		2	2	4	5	4	5	6	3	5
		9	8	9	8	8	9	7	9	7
		7	6	3	8	3	7	5	6	4
		8	8	7	9	8	9	6	9	6
		3	2	2	3	2	2	2	4	3
		4	7	4	6	5	3	6	5	5

Sixième tableau.

3 4	2 7	2 4	3 6	2 5	2 3	2 6	4 5	3 5
7 8	6 8	3 7	8 9	3 8	7 9	5 6	6 9	4 6
2 9	2 8	4 9	5 8	4 8	5 9	6 7	3 9	5 7
4 7	1 8	1 2	1 5	1 9	1 3	1 6	1 4	1 7
3 3	7 7	5 5	2 2	8 8	4 4	6 6	9 9	1 1

Septième tableau *(en cinq parties)*.

Première partie.

<table>
<tr><td>3</td><td>2</td><td>2</td><td>3</td><td>2</td><td>2</td><td>2</td><td>4</td><td>3</td></tr>
<tr><td>4</td><td>7</td><td>4</td><td>6</td><td>5</td><td>3</td><td>6</td><td>5</td><td>5</td></tr>
<tr><td>13</td><td>12</td><td>12</td><td>13</td><td>12</td><td>12</td><td>12</td><td>14</td><td>13</td></tr>
<tr><td>4</td><td>7</td><td>4</td><td>6</td><td>5</td><td>3</td><td>6</td><td>5</td><td>5</td></tr>
<tr><td>23</td><td>22</td><td>22</td><td>23</td><td>22</td><td>22</td><td>22</td><td>24</td><td>23</td></tr>
<tr><td>4</td><td>7</td><td>4</td><td>6</td><td>5</td><td>3</td><td>6</td><td>5</td><td>5</td></tr>
<tr><td>33</td><td>32</td><td>32</td><td>33</td><td>32</td><td>32</td><td>32</td><td>34</td><td>33</td></tr>
<tr><td>4</td><td>7</td><td>4</td><td>6</td><td>5</td><td>3</td><td>6</td><td>5</td><td>5</td></tr>
<tr><td>43</td><td>42</td><td>42</td><td>43</td><td>42</td><td>42</td><td>42</td><td>44</td><td>43</td></tr>
<tr><td>4</td><td>7</td><td>4</td><td>6</td><td>5</td><td>3</td><td>6</td><td>5</td><td>5</td></tr>
<tr><td>53</td><td>52</td><td>52</td><td>53</td><td>52</td><td>52</td><td>52</td><td>54</td><td>53</td></tr>
<tr><td>4</td><td>7</td><td>4</td><td>6</td><td>5</td><td>3</td><td>6</td><td>5</td><td>5</td></tr>
<tr><td>63</td><td>62</td><td>62</td><td>63</td><td>62</td><td>62</td><td>62</td><td>64</td><td>63</td></tr>
<tr><td>4</td><td>7</td><td>4</td><td>6</td><td>5</td><td>3</td><td>6</td><td>5</td><td>5</td></tr>
<tr><td>73</td><td>72</td><td>72</td><td>73</td><td>72</td><td>72</td><td>72</td><td>74</td><td>73</td></tr>
<tr><td>4</td><td>7</td><td>4</td><td>6</td><td>5</td><td>3</td><td>6</td><td>5</td><td>5</td></tr>
<tr><td>83</td><td>82</td><td>82</td><td>83</td><td>82</td><td>82</td><td>82</td><td>84</td><td>83</td></tr>
<tr><td>4</td><td>7</td><td>4</td><td>6</td><td>5</td><td>3</td><td>6</td><td>5</td><td>5</td></tr>
<tr><td>93</td><td>92</td><td>92</td><td>93</td><td>92</td><td>92</td><td>92</td><td>94</td><td>93</td></tr>
<tr><td>4</td><td>7</td><td>4</td><td>6</td><td>5</td><td>3</td><td>6</td><td>5</td><td>5</td></tr>
<tr><td>10</td><td>10</td><td>10</td><td>10</td><td>10</td><td>10</td><td>10</td><td>10</td><td>10</td></tr>
<tr><td>4</td><td>9</td><td>3</td><td>1</td><td>7</td><td>5</td><td>8</td><td>6</td><td>2</td></tr>
</table>

Deuxième partie.

7 8	6 8	3 7	8 9	3 8	7 9	5 6	6 9	4 6
17 8	16 8	13 7	18 9	13 8	17 9	15 6	16 9	14 6
27 8	26 8	23 7	28 9	23 8	27 9	25 6	26 9	24 6
37 8	36 8	33 7	38 9	33 8	37 9	35 6	36 9	34 6
47 8	46 8	43 7	48 9	43 8	47 9	45 6	46 9	44 6
57 8	56 8	53 7	58 9	53 8	57 9	55 6	56 9	54 6
67 8	66 8	63 7	68 9	63 8	67 9	65 6	66 9	64 6
77 8	76 8	73 7	78 9	73 8	77 9	75 6	76 9	74 6
87 8	86 8	83 7	88 9	83 8	87 9	85 6	86 9	84 6
97 8	96 8	93 7	98 9	93 8	97 9	95 6	96 9	94 7
20 9	20 3	20 7	20 5	20 8	20 2	20 4	20 6	22 1

Troisième partie.

2	2	4	5	4	5	6	3	5
9	8	9	8	8	9	7	9	7
12	12	14	15	14	15	16	13	15
9	8	9	8	8	9	7	9	7
22	22	24	25	24	25	26	23	25
9	8	9	8	8	9	7	9	7
32	32	34	35	34	35	36	33	35
9	8	9	8	8	9	7	9	7
42	42	44	45	44	45	46	43	45
9	8	9	8	8	9	7	9	7
52	52	54	55	54	55	56	53	55
9	8	9	8	8	9	7	9	7
62	62	64	65	64	65	66	63	65
9	8	9	8	8	9	7	9	7
72	72	74	75	74	75	76	73	75
9	8	9	8	8	9	7	9	7
82	82	84	85	84	85	86	83	85
9	8	9	8	8	9	7	9	7
92	92	94	95	94	95	96	93	95
9	8	9	8	8	9	7	9	7
30	30	30	30	30	30	30	30	30
9	3	7	5	8	2	4	6	1

Quatrième partie.

4 7	1 8	1 2	1 5	1 9	1 3	1 6	1 4	1 7
14 7	11 8	11 2	11 5	11 9	11 3	11 6	11 4	11 7
24 7	21 8	21 2	21 5	21 9	21 3	21 6	21 4	21 7
34 7	31 8	31 2	31 5	31 9	31 3	31 6	31 4	31 7
44 7	41 8	41 2	41 5	41 9	41 3	41 6	41 4	41 7
54 7	51 8	51 2	51 5	51 9	51 3	51 6	51 4	51 7
64 7	61 8	61 2	61 5	61 9	61 3	61 6	61 4	61 7
74 7	71 8	71 2	71 5	71 9	71 3	71 6	71 4	71 7
84 7	81 8	81 2	81 5	81 9	81 3	81 6	81 4	81 7
94 7	91 8	91 2	91 5	91 9	91 3	91 6	91 4	91 7
40 7	40 1	40 9	40 5	40 8	40 3	40 6	40 2	40 4

Cinquième partie.

3 3	7 7	5 5	2 2	8 8	4 4	6 6	9 9	1 1
13 3	17 7	15 5	12 2	18 8	14 4	16 6	19 9	11 1
23 3	27 7	25 5	22 2	28 8	24 4	26 6	29 9	21 1
33 3	37 7	35 5	32 2	38 8	34 4	36 6	39 9	31 1
43 3	47 7	45 5	42 2	48 8	44 4	46 6	49 9	41 1
53 3	57 7	55 5	52 2	58 8	54 4	56 6	59 9	51 1
63 3	67 7	65 5	62 2	68 8	64 4	66 6	69 9	61 1
73 3	77 7	75 5	72 2	78 8	74 4	76 6	79 9	71 1
83 3	87 7	85 5	82 2	88 8	84 4	86 6	89 9	81 1
93 3	97 7	95 5	92 2	98 8	94 4	96 6	99 9	91 1
50 7	50 1	50 9	50 5	50 8	50 3	50 6	50 2	50 4

Huitième tableau *(en quatre parties)*.

Première partie.

4 3	7 2	4 2	6 3	5 2	3 2	6 2	5 4	5 3
14 3	17 2	14 2	16 3	15 2	13 2	16 2	15 4	15 3
24 3	27 2	24 2	26 3	25 2	23 2	26 2	25 4	25 3
34 3	37 2	34 2	36 3	35 2	33 2	36 2	35 4	35 3
44 3	47 2	44 2	46 3	45 2	43 2	46 2	45 4	45 3
54 3	57 2	54 2	56 3	55 2	53 2	56 2	55 4	55 3
64 3	67 2	64 2	66 3	65 2	63 2	66 2	65 4	65 3
74 3	77 2	74 2	76 3	75 2	73 2	76 2	75 4	75 3
84 3	87 2	84 2	86 3	85 2	83 2	86 2	85 4	85 3
94 3	97 2	94 2	96 3	95 2	93 2	96 2	95 4	95 3
60 7	60 1	60 3	60 9	60 4	60 6	60 8	60 2	60 5

Deuxième partie.

8	8	7	9	8	9	6	9	6
7	6	3	8	3	7	5	6	4
18	18	17	19	18	19	16	19	16
7	6	3	8	3	7	5	6	4
28	28	27	29	28	29	26	29	29
7	6	3	8	3	7	5	6	4
38	38	37	39	38	39	36	39	36
7	6	3	8	3	7	5	6	4
48	48	47	49	48	49	46	49	46
7	6	3	8	3	7	5	6	4
58	58	57	59	58	59	56	59	56
7	6	3	8	3	7	5	6	4
68	68	67	69	68	69	66	69	66
7	6	3	8	3	7	5	6	4
78	78	77	79	78	79	76	79	76
7	6	3	8	3	7	5	6	4
88	88	87	89	88	89	86	89	86
7	6	3	8	3	7	5	6	4
98	98	97	99	98	99	96	99	96
7	6	3	8	3	7	5	6	4
70	70	70	70	70	70	70	70	70
5	2	8	6	4	9	3	1	7

Troisième partie.

9	8	9	8	8	9	7	9	7
2	2	4	5	4	5	6	3	5
19	18	19	18	18	19	17	19	17
2	2	4	5	4	5	6	3	5
29	28	29	28	28	29	27	29	27
2	2	4	5	4	5	6	3	5
39	38	39	38	38	39	37	39	37
2	2	4	5	4	5	6	3	5
49	48	49	48	48	49	47	49	47
2	2	4	5	4	5	6	3	5
59	58	59	58	58	59	57	59	57
2	2	4	5	4	5	6	3	5
69	68	69	68	68	69	67	69	67
2	2	4	5	4	5	6	3	5
79	78	79	78	78	79	77	79	77
2	2	4	5	4	5	6	3	5
89	88	89	88	88	89	87	89	87
2	2	4	5	4	5	6	3	5
99	98	99	98	98	99	97	99	97
2	2	4	5	4	5	6	3	5
80	80	80	80	80	80	80	80	80
8	1	9	4	7	5	6	2	5

Quatrième partie.

7	8	2	5	9	3	6	4	7
4	1	1	1	1	1	1	1	1
17	18	12	15	19	13	16	14	17
4	1	1	1	1	1	1	1	1
27	28	22	25	29	23	26	24	27
4	1	1	1	1	1	1	1	1
37	38	32	35	39	33	36	34	37
4	1	1	1	1	1	1	1	1
47	48	42	45	49	43	46	44	47
4	1	1	1	1	1	1	1	1
57	58	52	55	59	53	56	54	57
4	1	1	1	1	1	1	1	1
67	68	62	65	69	63	66	64	67
4	1	1	1	1	1	1	1	1
77	78	72	75	79	73	76	74	77
4	1	1	1	1	1	1	1	1
87	88	82	85	89	83	86	84	87
4	1	1	1	1	1	1	1	1
97	98	92	95	99	93	96	94	97
4	1	1	1	1	1	1	1	1
90	90	90	90	90	90	90	90	90
8	4	7	2	9	1	6	3	5

Neuvième tableau *(en huit séries).*

Première série.

	7	9	6	9	7	5	8	9	8
	1	2	3	4	5	6	7	8	9
1	3	2	2	3	2	2	2	4	3
	4	7	4	6	5	3	6	5	5
	1	2	3	4	5	6	7	8	9
	7	9	6	9	7	5	8	9	8
	2	3	4	5	6	7	8	9	1
2	4	7	4	6	5	3	6	5	5
	3	2	2	3	2	2	2	4	3
	2	3	4	5	6	7	8	9	1
	15	14	10	17	11	16	11	15	10
	1	2	3	4	5	6	7	8	9
3	7	6	3	8	3	7	5	6	4
	8	8	7	9	8	9	6	9	6
	1	2	3	4	5	6	7	8	9
	15	14	10	17	11	16	11	15	10
	2	3	4	5	6	7	8	9	1
4	8	8	7	9	8	9	6	9	6
	7	6	3	8	3	7	5	6	4
	2	3	4	5	6	7	8	9	1

5	11	10	13	13	12	14	13	12	12
	1	2	3	4	5	6	7	8	9
	2	2	4	5	4	5	6	3	5
	9	8	9	8	8	9	7	9	7
	1	2	3	4	5	6	7	8	9

6	11	10	13	13	12	14	13	12	12
	2	5	1	9	2	1	8	3	6
	9	8	9	8	8	9	7	9	7
	2	2	4	5	4	5	6	3	5
	2	5	1	9	2	1	8	3	6

7	11	9	3	6	10	4	7	5	8
	3	1	9	8	6	7	3	8	2
	4	1	1	1	1	1	1	1	1
	7	8	2	5	9	3	6	4	7
	3	1	9	8	6	7	3	8	2

8	11	9	3	6	10	4	7	5	8
	4	6	8	2	7	9	4	2	3
	7	8	2	5	9	3	6	4	7
	4	1	1	1	1	1	1	1	1
	4	6	8	2	7	9	4	2	3

9	6	14	10	4	16	8	12	18	2
	3	7	5	2	8	4	6	9	1
	3	7	5	2	8	4	6	9	1
	3	7	5	2	8	4	6	9	1
	3	7	5	2	8	4	6	9	1

Deuxième série.

	8	11	9	13	12	11	15	17	17
	4	7	7	2	1	9	3	3	2
1	3	2	2	3	2	2	2	4	3
	4	7	4	6	5	3	6	5	5
	1	2	3	4	5	6	7	8	9
	4	7	7	2	1	9	3	3	2
	9	12	10	14	13	12	16	18	9
	9	4	8	4	5	7	5	9	8
2	4	7	4	6	5	3	6	5	5
	3	2	2	3	2	2	2	4	3
	2	3	4	5	6	7	8	9	1
	9	4	8	4	5	7	5	9	8
	16	16	13	21	16	22	18	23	19
	4	8	6	9	3	1	8	1	9
3	7	6	3	8	3	7	5	6	4
	8	8	7	9	8	9	6	9	6
	1	2	3	4	5	6	7	8	9
	4	8	6	9	3	1	8	1	9
	17	17	14	22	17	23	19	24	11
	1	6	5	2	7	2	8	9	8
4	8	8	7	9	8	9	6	9	6
	7	6	3	8	3	7	5	6	4
	2	3	4	5	6	7	8	9	1
	1	6	5	2	7	2	8	9	8

5	12	12	16	17	17	20	20	20	21
	9	8	1	8	9	1	2	3	8
	2	2	4	5	4	5	6	3	5
	9	8	9	8	8	9	7	9	7
	1	2	3	4	5	6	7	8	9
	9	8	1	8	9	1	2	3	8
6	13	15	14	22	14	15	21	15	18
	9	4	7	3	8	5	7	6	7
	9	8	9	8	8	9	7	9	7
	2	2	4	5	4	5	6	3	5
	2	5	1	9	2	1	8	3	6
	9	4	7	3	8	5	7	6	7
7	14	10	12	14	16	11	10	13	10
	9	9	7	1	2	7	8	8	7
	4	1	1	1	1	1	1	1	1
	7	8	2	5	9	3	6	4	7
	3	1	9	8	6	7	3	8	2
	9	9	7	1	2	7	8	8	7
8	15	15	11	8	17	13	11	7	11
	7	1	6	5	1	7	5	7	4
	7	8	2	5	9	3	6	4	7
	4	1	1	1	1	1	1	1	1
	4	6	8	2	7	9	4	2	3
	7	1	6	5	1	7	5	7	4
9	9	21	15	6	24	12	18	27	3
	3	7	5	2	8	4	6	9	1
	3	7	5	2	8	4	6	9	1
	3	7	5	2	8	4	6	9	1
	3	7	5	2	8	4	6	9	1
	3	7	5	2	8	4	6	9	1

Troisième série.

1	12	18	16	15	13	20	18	20	19
	6	4	9	2	6	5	6	6	7
	3	2	2	3	2	2	2	4	3
	4	7	4	6	5	3	6	5	5
	1	2	3	4	5	6	7	8	9
	4	7	7	2	1	9	3	3	2
	6	4	9	2	6	5	6	6	7
2	18	16	18	18	18	19	21	27	17
	5	2	4	1	2	6	6	1	2
	4	7	4	6	5	3	6	5	5
	3	2	2	3	2	2	2	4	3
	2	3	4	5	6	7	8	9	1
	9	4	8	4	5	7	5	9	8
	5	2	4	1	2	6	6	1	2
3	20	24	19	30	19	23	26	24	28
	7	8	5	1	4	3	9	7	1
	7	6	3	8	3	7	5	6	4
	8	8	7	9	8	9	6	9	6
	1	2	3	4	5	6	7	8	9
	4	8	6	9	3	1	8	1	9
	7	8	5	1	4	3	9	7	1
4	18	23	19	24	24	25	27	33	19
	3	4	3	6	3	1	2	1	2
	8	8	7	9	8	9	6	9	6
	7	6	3	8	3	7	5	6	4
	2	3	4	5	6	7	8	9	1
	1	6	5	2	7	2	8	9	8
	3	4	3	6	3	1	2	1	2

	21	20	17	25	26	21	22	23	29
	5	8	3	2	8	4	4	5	1
	2	2	4	5	4	5	6	3	5
	9	8	9	8	8	9	7	9	7
5	1	2	3	4	5	6	7	8	9
	9	8	1	8	9	1	2	3	8
	5	8	3	2	8	4	4	5	1
	22	19	21	25	22	20	28	21	25
	5	1	3	3	6	9	2	2	4
	9	8	9	8	8	9	7	9	7
	2	2	4	5	4	5	6	3	5
6	2	5	1	9	2	1	8	3	6
	9	4	7	3	8	5	7	6	7
	5	1	3	3	6	9	2	2	4
	23	19	19	15	18	18	18	21	17
	6	9	8	3	9	8	7	9	4
	4	1	1	1	1	1	1	1	1
7	7	8	2	5	9	3	6	4	7
	3	1	9	8	6	7	3	8	2
	9	9	7	1	2	7	8	8	7
	6	9	8	3	9	8	7	9	4
	22	16	17	13	18	20	16	14	15
	7	9	5	5	6	1	8	2	4
	7	8	2	5	9	3	6	4	7
8	4	1	1	1	1	1	1	1	1
	4	6	8	2	7	0	4	2	3
	7	1	6	5	1	7	5	7	4
	7	9	5	5	6	1	8	2	4
	12	28	20	8	32	16	24	36	4
	3	7	5	2	8	4	6	9	1
	3	7	5	2	8	4	6	9	1
	3	7	5	2	8	4	6	9	1
9	3	7	5	2	8	4	6	9	1
	3	7	5	2	8	4	6	9	1
	3	7	5	2	8	4	6	9	1

Quatrième série.

	18	22	25	17	19	25	24	26	26
	5	2	5	6	7	6	5	7	4
	3	2	2	3	2	2	2	4	3
1	4	7	4	6	5	3	6	5	5
	1	2	3	4	5	6	7	8	9
	4	7	7	2	1	9	3	3	2
	6	4	9	2	6	5	6	6	7
	5	2	5	6	7	6	5	7	4
	23	18	22	19	20	25	27	28	19
	7	4	8	6	2	7	3	3	5
	4	7	4	6	5	3	6	5	5
2	3	2	2	3	2	2	2	4	3
	2	3	4	5	6	7	8	9	1
	9	4	8	4	5	7	5	9	8
	5	2	4	1	2	6	6	1	2
	7	4	8	6	2	7	3	3	5
	27	32	24	31	23	26	35	31	29
	4	1	1	9	8	6	9	8	2
	7	6	3	8	3	7	5	6	4
3	8	8	7	9	8	9	6	9	6
	1	2	3	4	5	6	7	8	9
	4	8	6	9	3	1	8	1	9
	7	8	5	1	4	3	9	7	1
	4	1	1	9	8	6	9	8	2
	21	27	22	30	27	26	29	34	21
	8	5	9	2	6	5	3	9	1
	8	8	7	9	8	9	6	9	6
4	7	6	3	8	3	7	5	6	4
	2	3	4	5	6	7	8	9	1
	1	6	5	2	7	2	8	9	8
	3	4	3	6	3	1	2	1	2
	8	5	9	2	6	5	3	9	1

5	26	28	20	27	34	25	26	28	30
	3	4	3	7	8	1	2	5	3
	2	2	4	5	4	5	6	3	5
	9	8	9	8	8	9	7	9	7
	1	2	3	4	5	6	7	8	9
	9	8	1	8	9	1	2	3	8
	5	8	3	2	8	4	4	5	1
	3	4	3	7	8	1	2	5	3
6	27	20	24	28	28	29	30	23	29
	8	4	5	6	9	4	4	9	5
	9	8	9	8	8	9	7	9	7
	2	2	4	5	4	5	6	3	5
	2	5	1	9	2	1	8	3	6
	9	4	7	3	8	5	7	6	7
	5	1	3	3	6	9	2	2	4
	8	4	5	6	9	4	4	9	5
7	29	28	27	18	27	26	25	30	21
	6	7	9	3	1	1	8	5	7
	4	1	1	1	1	1	1	1	1
	7	8	2	5	9	3	6	4	7
	3	1	9	8	6	7	5	8	2
	9	9	7	1	2	7	8	8	7
	6	9	8	3	9	8	7	9	4
	6	7	9	3	1	1	8	5	7
8	29	22	25	18	24	21	24	16	19
	7	2	9	2	9	6	8	7	4
	7	2	8	5	9	3	6	4	7
	4	1	1	1	1	1	1	1	1
	4	8	6	2	7	9	4	2	3
	7	6	1	5	1	7	5	7	4
	7	5	9	5	6	1	8	2	4
	7	2	9	2	9	6	8	7	4

	15	35	25	10	40	20	30	45	5
	3	7	5	2	8	4	6	9	1
9	3	7	5	2	8	4	6	9	1
	3	7	5	2	8	4	6	9	1
	3	7	5	2	8	4	6	9	1
	3	7	5	2	8	4	6	9	1
	3	7	5	2	8	4	6	9	1
	3	7	5	2	8	4	6	9	1

Cinquième série.

	23	24	30	23	26	31	29	33	30
	9	1	6	8	2	7	8	2	7
1	3	2	2	3	2	2	2	4	3
	4	7	4	6	5	3	6	5	5
	1	2	3	4	5	6	7	8	9
	4	7	7	2	1	9	3	3	2
	6	4	9	2	6	5	6	6	7
	5	2	5	6	7	6	5	7	4
	9	1	6	8	2	7	8	2	7

	30	22	30	25	22	32	30	31	24
	8	3	9	9	4	2	9	6	7
2	4	7	4	6	5	3	6	5	5
	3	2	2	3	2	2	2	4	3
	2	3	4	5	6	7	8	9	1
	9	4	8	4	5	7	5	9	8
	5	2	4	1	2	6	6	1	2
	7	4	8	6	2	7	3	3	5
	8	3	9	9	4	2	9	6	7

	31	33	25	40	31	32	44	39	31
	3	3	6	1	2	4	1	7	1
	7	6	3	8	3	7	5	6	4
	8	8	7	9	8	9	6	9	6
3	1	2	3	4	5	6	7	8	9
	4	8	6	9	3	1	8	1	9
	7	8	5	1	4	3	9	7	1
	4	1	1	9	8	6	9	8	2
	3	3	6	1	2	4	1	7	1
	29	32	31	32	33	31	32	43	22
	9	5	1	6	4	2	7	1	5
	8	8	7	9	8	9	6	9	6
	7	6	3	8	3	7	5	6	4
4	2	3	4	5	6	7	8	9	1
	1	6	5	2	7	2	8	9	8
	3	4	3	6	3	1	2	1	2
	8	5	9	2	6	5	3	9	1
	9	5	1	6	4	2	7	1	5
	29	32	23	34	42	26	28	35	35
	1	8	7	5	1	4	9	5	8
	2	2	4	5	4	5	6	5	5
	9	8	9	8	8	9	7	9	7
5	1	2	3	4	5	6	7	8	9
	9	8	1	8	9	1	2	3	8
	5	8	3	2	8	4	4	5	1
	3	4	3	7	8	1	2	5	3
	1	8	7	5	1	4	9	5	8
	35	24	29	34	37	35	34	32	34
	7	6	2	4	4	6	3	9	2
	9	8	9	8	8	9	7	9	7
	2	2	4	5	4	5	6	3	5
6	2	5	1	9	2	1	8	3	6
	9	4	7	3	8	5	7	6	7
	5	1	3	3	6	9	2	2	4
	8	4	5	6	9	4	4	9	5
	7	6	2	4	4	6	3	9	2

	35	35	36	21	28	27	33	35	28
	6	5	1	6	8	2	7	4	7
	4	1	1	1	1	1	1	1	1
	7	8	2	5	9	3	6	4	7
	3	1	9	8	6	7	3	8	2
7	9	9	7	1	2	7	8	8	7
	6	9	8	3	9	8	7	9	4
	6	7	9	3	1	1	8	5	7
	6	5	1	6	8	2	7	4	7

	36	24	34	20	33	27	32	23	23
	2	5	1	6	9	3	1	6	5
	7	2	8	5	9	3	6	4	7
	4	1	1	1	1	1	1	1	1
	4	8	6	2	7	9	4	2	3
8	7	6	1	5	1	7	5	7	4
	7	5	9	5	6	1	8	2	4
	7	2	9	2	9	6	8	7	4
	2	5	1	6	9	3	1	6	5

	18	42	50	12	48	24	36	54	6
	3	7	5	2	8	4	6	9	1
	3	7	5	2	8	4	6	9	1
	3	7	5	2	8	4	6	9	1
	3	7	5	2	8	4	6	9	1
9	3	7	5	2	8	4	6	9	1
	3	7	5	2	8	4	6	9	1
	3	7	5	2	8	4	6	9	1
	3	7	5	2	8	4	6	9	1

Sixième série.

	32	25	36	31	28	38	37	35	37
	3	8	4	5	8	9	7	8	6
	3	2	2	3	2	2	2	4	3
	4	7	4	6	5	3	6	5	5
1	1	2	3	4	5	6	7	8	9
	4	7	7	2	1	9	3	3	2
	6	4	9	2	6	5	6	6	7
	5	2	5	6	7	6	5	7	4
	9	1	6	8	2	7	8	2	7
	3	8	4	5	8	9	7	8	6
	38	25	39	34	26	34	39	37	31
	8	7	9	7	3	6	8	5	4
	4	7	4	6	5	3	6	5	5
	3	2	2	3	2	2	2	4	3
2	2	3	4	5	6	7	8	9	1
	9	4	8	4	5	7	5	9	8
	5	2	4	1	2	6	6	1	2
	7	4	8	6	2	7	3	3	5
	8	3	9	9	4	2	9	6	7
	8	7	9	7	3	6	8	5	4
	34	36	31	41	33	36	45	46	32
	4	7	3	2	8	8	4	2	3
	7	6	3	8	3	7	5	6	4
	8	8	7	9	8	9	6	9	6
3	1	2	3	4	5	6	7	8	9
	4	8	6	9	3	1	8	1	9
	7	8	5	1	4	3	9	7	1
	4	1	1	9	8	6	9	8	2
	3	3	6	1	2	4	1	7	1
	4	7	3	2	8	8	4	2	3

	38	37	32	38	37	35	39	44	27
	7	3	4	6	8	7	6	3	4
	8	8	7	9	8	9	6	9	6
	7	6	3	8	3	7	5	6	4
4	2	3	4	5	6	7	8	9	1
	1	6	5	2	7	2	8	9	8
	3	4	3	6	3	1	2	1	2
	8	5	9	2	6	5	3	9	1
	9	5	1	6	4	2	7	1	5
	7	3	4	6	8	7	6	3	4

	30	40	30	39	43	30	37	38	41
	8	4	7	5	3	6	2	4	3
	2	2	4	5	4	5	6	3	5
	9	8	9	8	8	9	7	9	7
5	1	2	3	4	5	6	7	8	9
	9	8	1	8	9	1	2	3	8
	5	8	3	2	8	4	4	5	1
	3	4	3	7	8	1	2	5	3
	1	8	7	5	1	4	9	5	8
	8	4	7	5	3	6	2	4	3

	42	30	31	38	41	39	37	41	36
	4	5	5	5	4	4	9	5	9
	9	8	9	8	8	9	7	9	7
	2	2	4	5	4	5	6	3	5
6	2	5	1	9	2	1	8	3	6
	9	4	7	3	8	5	7	6	7
	5	1	3	3	6	9	2	2	4
	8	4	5	6	9	4	4	9	5
	7	6	2	4	4	6	3	9	2
	4	5	5	5	4	4	9	5	9

	41	40	37	27	36	29	40	39	35
	7	6	3	4	1	4	5	2	1
	4	1	1	1	1	1	1	1	1
	7	8	2	5	9	3	6	4	7
7	3	1	9	8	6	7	3	8	2
	9	9	7	1	2	7	8	8	7
	6	9	8	3	9	8	7	9	4
	6	7	9	3	1	1	8	5	7
	6	5	1	6	8	2	7	4	7
	7	6	3	4	1	4	5	2	1

	38	29	35	26	42	30	33	29	28
	3	9	5	5	5	4	6	6	6
	7	2	8	5	9	3	6	4	7
	4	1	1	1	1	1	1	1	1
8	4	8	6	2	7	9	4	2	3
	7	6	1	5	1	7	5	7	4
	7	5	9	5	6	1	8	2	4
	7	2	9	2	9	6	8	7	4
	2	5	1	6	9	3	1	6	5
	3	9	5	5	5	4	6	6	6

	21	49	35	14	56	28	42	63	7
	3	7	5	2	8	4	6	9	1
	3	7	5	2	8	4	6	9	1
	3	7	5	2	8	4	6	9	1
9	3	7	5	2	8	4	6	9	1
	3	7	5	2	8	4	6	9	1
	3	7	5	2	8	4	6	9	1
	3	7	5	2	8	4	6	9	1
	3	7	5	2	8	4	6	9	1
	3	7	5	2	8	4	6	9	1

Septième série.

	35	33	40	36	36	47	44	43	43
	3	9	2	5	6	4	2	2	9
	3	2	2	3	2	2	2	4	3
	4	7	4	6	5	3	6	5	5
1	1	2	3	4	5	6	7	8	9
	4	7	7	2	1	9	3	3	2
	6	4	9	2	6	5	6	6	7
	5	2	5	6	7	6	5	7	4
	9	1	6	8	2	7	8	2	7
	3	8	4	5	8	9	7	8	6
	3	9	2	5	6	4	2	2	9

	46	32	48	41	29	40	47	42	35
	1	2	4	2	3	3	5	3	2
	4	7	4	6	5	3	6	5	5
	3	2	2	3	2	2	2	4	3
2	2	3	4	5	6	7	8	9	1
	9	4	8	4	5	7	5	9	8
	5	2	4	1	2	6	6	1	2
	7	4	8	6	2	7	3	3	5
	8	3	9	9	4	2	9	6	7
	8	7	9	7	3	6	8	5	4
	1	2	4	2	3	3	5	3	2

	38	43	34	43	41	44	49	48	35
	1	3	2	4	1	4	1	2	8
	7	6	3	8	3	7	5	6	4
	8	8	7	9	8	9	6	9	6
3	1	2	3	4	5	6	7	8	9
	4	8	6	9	3	1	8	1	9
	7	8	5	1	4	3	9	7	1
	4	1	1	9	8	6	9	8	2
	3	3	6	1	2	4	1	7	1
	4	7	3	2	8	8	4	2	3
	1	3	2	4	1	4	1	2	8

	45	40	36	44	45	40	45	47	31
	6	7	8	6	1	8	2	1	9
	8	8	7	9	8	9	6	9	6
	7	6	3	8	3	7	5	6	4
4	2	3	4	5	6	7	8	9	1
	1	6	5	2	7	2	8	9	8
	3	4	3	6	3	1	2	1	2
	8	5	9	2	6	5	3	9	1
	9	5	1	6	4	2	7	1	5
	7	3	4	6	8	7	6	3	4
	6	7	8	6	1	8	2	1	9

	38	44	37	44	46	36	39	42	44
	3	7	9	8	6	7	8	2	1
	2	2	4	5	4	5	6	3	5
	9	8	9	8	8	9	7	9	7
5	1	2	3	4	5	6	7	8	9
	9	8	1	8	9	1	2	3	8
	5	8	3	2	8	4	4	5	1
	3	4	3	7	8	1	2	5	3
	1	8	7	5	1	4	9	5	8
	8	4	7	5	3	6	2	4	3
	3	7	9	8	6	7	8	2	1

	46	35	36	43	45	43	46	46	45
	7	6	3	7	8	8	8	9	9
	9	8	9	8	8	9	7	9	7
	2	2	4	5	4	5	6	3	5
	2	5	1	9	2	1	8	3	6
6	9	4	7	3	8	5	7	6	7
	5	1	3	3	6	9	2	2	4
	8	4	5	6	9	4	4	9	5
	7	6	2	4	4	6	3	9	2
	4	5	5	5	4	4	9	5	9
	7	6	3	7	8	8	8	9	9

	48	46	40	31	37	33	45	41	36
	7	9	8	8	8	5	8	6	6
	4	1	1	1	1	1	1	1	1
	7	8	2	5	9	3	6	4	7
	3	1	9	8	6	7	3	8	2
7	9	9	7	1	2	7	8	8	7
	6	9	8	3	9	8	7	9	4
	6	7	9	3	1	1	8	5	7
	6	5	1	6	8	2	7	4	7
	7	6	3	4	1	4	5	2	1
	7	9	8	8	8	5	8	6	6

	41	44	34	31	47	34	39	35	34
	9	5	6	7	2	7	5	7	8
	7	8	2	5	9	3	6	4	7
	4	1	1	1	1	1	1	1	1
8	4	6	8	2	7	9	4	2	3
	7	1	6	5	1	7	5	7	4
	7	9	5	5	6	1	8	2	4
	7	9	2	2	9	6	8	7	4
	2	1	5	6	9	3	1	6	5
	3	9	5	5	5	4	6	6	6
	9	5	6	7	2	7	5	7	8

	24	56	40	16	64	32	48	72	8
	3	7	5	2	8	4	6	9	1
	3	7	5	2	8	4	6	9	1
	3	7	5	2	8	4	6	9	1
9	3	7	5	2	8	4	6	9	1
	3	7	5	2	8	4	6	9	1
	3	7	5	2	8	4	6	9	1
	3	7	5	2	8	4	6	9	1
	3	7	5	2	8	4	6	9	1
	3	7	5	2	8	4	6	9	1
	3	7	5	2	8	4	6	9	1

Huitième série.

1	38	42	42	41	42	51	46	45	52
	2	6	9	6	7	1	4	3	4
	3	2	2	3	2	2	2	4	3
	4	7	4	6	5	3	6	5	5
	1	2	3	4	5	6	7	8	9
	4	7	7	2	1	9	3	3	2
	6	4	9	2	6	5	6	6	7
	5	2	5	6	7	6	5	7	4
	9	1	6	8	2	7	8	2	7
	3	8	4	5	8	9	7	8	6
	3	9	2	5	6	4	2	2	9
	2	6	9	6	7	1	4	3	4
2	47	34	52	43	32	43	52	45	37
	3	5	3	5	5	6	2	5	1
	4	7	4	6	5	3	6	5	5
	3	2	2	3	2	2	2	4	3
	2	3	4	5	6	7	8	9	1
	9	4	8	4	5	7	5	9	8
	5	2	4	1	2	6	6	1	2
	7	4	8	6	2	7	3	3	5
	8	3	9	9	4	2	9	6	7
	8	7	9	7	3	6	8	5	4
	1	2	4	2	3	3	5	3	2
	3	5	3	5	5	6	2	5	1
3	39	46	36	47	42	48	50	50	43
	9	3	9	2	8	3	9	8	2
	7	6	3	8	3	7	5	6	4
	8	8	7	9	8	9	6	9	6
	1	2	3	4	5	6	7	8	9
	4	8	6	9	3	1	8	1	9
	7	8	5	1	4	3	9	7	1
	4	1	1	9	8	6	9	8	2
	3	3	6	1	2	4	1	7	1
	4	7	3	2	8	8	4	2	3
	1	3	2	4	1	4	1	2	8
	9	3	9	2	8	3	9	8	2

	51	47	44	50	46	48	47	48	40
	2	6	5	7	4	5	7	6	9
	8	8	7	9	8	9	6	9	6
	7	6	3	8	3	7	5	6	4
	2	3	4	5	6	7	8	9	1
4	1	6	5	2	7	2	8	9	8
	3	4	3	6	3	1	2	1	2
	8	5	9	2	6	5	3	9	1
	9	5	1	6	4	2	7	1	5
	7	3	4	6	8	7	6	3	4
	6	7	8	6	1	8	2	1	9
	2	6	5	7	4	5	7	6	9
	41	51	46	52	52	43	47	44	45
	8	3	5	4	5	8	8	9	7
	2	2	4	5	4	5	6	3	5
	9	8	9	8	8	9	7	9	7
	1	2	3	4	5	6	7	8	9
5	9	8	1	8	9	1	2	3	8
	5	8	3	2	8	4	4	5	1
	3	4	3	7	8	1	2	5	3
	1	8	7	5	1	4	9	5	8
	8	4	7	5	3	6	2	4	3
	3	7	9	8	6	7	8	2	1
	8	3	5	4	5	8	8	9	7
	53	41	39	50	53	51	54	55	54
	9	9	1	6	8	5	9	1	8
	9	8	9	8	8	9	7	9	7
	2	2	4	5	4	5	6	3	5
	2	5	1	9	2	1	8	3	6
6	9	4	7	3	8	5	7	6	7
	5	1	3	3	6	9	2	2	4
	8	4	5	6	9	4	4	9	5
	7	6	2	4	4	6	3	9	2
	4	5	5	5	4	4	9	5	9
	7	6	3	7	8	8	8	9	9
	9	9	1	6	8	5	9	1	8

	55	55	48	39	45	38	53	47	42
	2	3	8	7	9	9	7	9	6
	4	1	1	1	1	1	1	1	1
	7	8	2	5	9	3	6	4	7
	3	1	9	8	6	7	3	8	2
7	9	9	7	1	2	7	8	8	7
	6	9	8	3	9	8	7	9	4
	6	7	9	3	1	1	8	5	7
	6	5	1	6	8	2	7	4	7
	7	6	3	4	1	4	5	2	1
	7	9	8	8	8	5	8	6	6
	2	3	8	7	9	9	7	9	6
	50	49	40	38	49	41	44	42	42
	5	2	9	8	3	8	6	7	8
	7	8	2	5	9	3	6	4	7
	4	1	1	1	1	1	1	1	1
	4	6	8	2	7	9	4	2	3
8	7	1	6	5	1	7	5	7	4
	7	9	5	5	6	1	8	2	4
	7	9	2	2	9	6	8	7	4
	2	1	5	6	9	3	1	6	5
	3	9	5	5	5	4	6	6	6
	9	5	6	7	2	7	5	7	8
	5	2	9	8	3	8	6	7	8
	27	63	45	18	72	36	54	81	9
	3	7	5	2	8	4	6	9	1
	3	7	5	2	8	4	6	9	1
	3	7	5	2	8	4	6	9	1
	3	7	5	2	8	4	6	9	1
9	3	7	5	2	8	4	6	9	1
	3	7	5	2	8	4	6	9	1
	3	7	5	2	8	4	6	9	1
	3	7	5	2	8	4	6	9	1
	3	7	5	2	8	4	6	9	1
	3	7	5	2	8	4	6	9	1
	3	7	5	2	8	4	6	9	1

Dixième tableau.

Soustractions.

7	9	6	9	7	5	8	9	8
3	2	2	3	2	2	2	4	3
15	4	0	7	1	6	1	5	0
7	6	3	8	3	7	5	6	4
11	0	3	3	2	4	3	2	2
2	2	4	5	4	5	6	3	5
11	9	3	6	0	4	7	5	8
4	1	1	1	1	1	1	1	1
6	4	0	4	6	8	2	8	2
3	7	5	2	8	4	6	9	1
7	9	6	9	7	5	8	9	8
4	7	4	6	5	3	6	5	5
15	4	0	7	1	6	1	5	0
8	8	7	9	8	9	6	9	6
11	0	3	3	2	4	3	2	2
9	8	9	8	8	9	7	9	7
11	9	3	6	0	4	7	5	8
7	8	2	5	9	3	6	4	7

Onzième tableau.

17 13	19 12	16 12	19 13	17 12	15 12	18 12	19 14	18 13
25 17	24 16	20 13	27 18	21 13	26 17	21 15	25 16	20 14
21 12	20 12	23 14	23 15	22 14	24 15	23 16	22 13	22 15
21 14	19 11	13 11	16 11	20 11	14 11	17 11	15 11	18 11
16 13	24 17	20 15	14 12	26 18	18 14	22 16	28 19	12 1
17 14	19 17	16 14	19 16	17 15	15 13	18 16	19 15	18 15
25 18	24 18	20 17	27 19	21 18	26 19	21 16	25 19	20 16
21 19	20 18	23 19	23 18	22 18	24 19	23 17	22 19	22 17
21 15	19 18	13 12	16 15	20 19	14 13	17 16	15 14	18 17

Douzième tableau.

Multiplications.

2	3	3	4	4	4	5	5	5	5
2	3	3	4	4	4	5	5	5	5
		3		4	4		5	5	5
					4			5	5
									5
2	2	3	2	3	4	2	3	4	5
2	3	3	4	4	4	5	5	5	5

6	6	6	6	6	7	7	7	7	7	7
6	6	6	6	6	7	7	7	7	7	7
	6	6	6	6		7	7	7	7	7
		6	6	6			7	7	7	7
			6	6				7	7	7
				6					7	7
										7
2	3	4	5	6	2	3	4	5	6	7
6	6	6	6	6	7	7	7	7	7	7

8	8	8	8	8	8	8	9	9	9	9	9	9	9	9
8	8	8	8	8	8	8	9	9	9	9	9	9	9	9
	8	8	8	8	8	8		9	9	9	9	9	9	9
		8	8	8	8	8			9	9	9	9	9	9
			8	8	8	8				9	9	9	9	9
				8	8	8					9	9	9	9
					8	8						9	9	9
						8							9	9
														9
2	3	4	5	6	7	8	2	3	4	5	6	7	8	9
8	8	8	8	8	8	8	9	9	9	9	9	9	9	9

Treizième tableau.

Divisions.

$12 = 3 \times 4$ et 2×6	$56 = 7 \times 8$
$14 = 2 \times 7$	$48 = 6 \times 8$
$8 = 2 \times 4$	$21 = 3 \times 7$
$18 = 3 \times 6$	$72 = 8 \times 9$
$10 = 2 \times 5$	$24 = 3 \times 8$ et 4×6
$6 = 2 \times 3$	$63 = 7 \times 9$
$20 = 4 \times 5$	$30 = 5 \times 6$
$15 = 3 \times 5$	$54 = 6 \times 9$
$16 = 2 \times 8$ et 4×4	$28 = 4 \times 7$
$36 = 4 \times 9$ et 6×6	$9 = 3 \times 3$
$40 = 5 \times 8$	$49 = 7 \times 7$
$32 = 4 \times 8$	$25 = 5 \times 5$
$45 = 5 \times 9$	$4 = 2 \times 2$
$42 = 6 \times 7$	$64 = 8 \times 8$
$27 = 3 \times 9$	$81 = 9 \times 9$
$35 = 5 \times 7$	

Quatorzième tableau.

Divisions.

<table>
<tr><td>7
5
3
9</td><td>} 2</td><td>8
5
4
7</td><td>} 3</td><td>9
7
5
6</td><td>} 4</td><td>6
9
8
7</td><td>} 5</td><td>7
9
8</td><td>} 6</td><td>9
8</td><td>} 7</td><td colspan="2">9 : 8</td><td></td><td></td></tr>
<tr><td>17
13
19
15
11</td><td>} 2</td><td>17
14
11
16
13
19
10</td><td>} 3</td><td>17
14
18
15
11
13
19
10</td><td>} 4</td><td>17
14
18
11
16
13
19
12</td><td>} 5</td><td>17
14
15
11
16
13
19
10</td><td>} 6</td><td>17
18
15
11
16
13
19
12
10</td><td>} 7</td><td>17
14
18
15
11
13
19
12
10</td><td>} 8</td><td>17
14
15
11
16
13
19
12
10</td><td>} 9</td></tr>
<tr><td>28
25
26
23
29
22
20</td><td>} 3</td><td>27
25
21
26
23
29
22</td><td>} 4</td><td>27
24
28
21
26
23
29
22</td><td>} 5</td><td>27
25
21
26
23
29
20</td><td>} 6</td><td>27
24
25
26
23
29
22
20</td><td>} 7</td><td>27
28
25
21
26
23
29
22
20</td><td>} 8</td><td>24
28
25
21
26
23
29
22
20</td><td>} 9</td><td></td><td></td></tr>
</table>

37		37		37		37		37		37	
34		34		34		34		34		34	
38		38		38		38		38		38	
35		31		35		31		35		35	
31	4	36	5	31	6	36	7	31	8	31	9
33		33		33		33		36		33	
39		39		39		39		33		39	
30		32		32		32		39		32	
						30		30		30	

47		47		47		47		47	
44		44		44		44		44	
48		45		48		45		48	
41		41		45		41		41	
46	5	46	6	41	7	46	8	46	9
43		43		46		43		43	
49		49		43		49		49	
42		40		40		42		42	
								40	

57		57		57		57	
58		54		54		58	
55		58		58		55	
51		55		55		51	
56	6	51	7	51	8	56	9
53		53		53		53	
59		59		59		59	
52		52		52		52	
50		50		50		50	

67		67		67		77		77		87	
64		68		64		74		74		84	
68		65		68		78		78		88	
65		61		65		75		75		85	
61	7	66	8	61	9	71	8	71	9	86	9
66		63		66		76		76		83	
69		69		69		73		73		89	
62		62		62		79		79		82	
60		60		60		70		70		80	

Quinzième tableau.

3 — 10 — 30	9 — 11 — 99	4 — 12 — 48
7 — 10 — 70	2 — 11 — 22	7 — 12 — 84
9 — 10 — 90	7 — 11 — 77	2 — 12 — 24
2 — 10 — 20	4 — 11 — 44	9 — 12 —108
5 — 10 — 50	6 — 11 — 66	3 — 12 — 36
8 — 10 — 80	5 — 11 — 55	8 — 12 — 96
4 — 10 — 40	8 — 11 — 88	5 — 12 — 60
6 — 10 — 60		6 — 12 — 72
8 — 13 —104	7 — 14 — 98	2 — 15 — 30
2 — 13 — 26	2 — 14 — 28	7 — 15 —105
5 — 13 — 65	9 — 14 —126	4 — 15 — 60
4 — 13 — 52	5 — 14 — 70	9 — 15 —135
9 — 13 —117	3 — 14 — 42	3 — 15 — 45
3 — 13 — 39	8 — 14 —112	8 — 15 —120
6 — 13 — 78	6 — 14 — 84	5 — 15 — 75
7 — 13 — 91	4 — 14 — 56	6 — 15 — 90
5 — 16 — 80	8 — 17 —136	4 — 18 — 72
8 — 16 —128	2 — 17 — 34	9 — 18 —162
2 — 16 — 32	5 — 17 — 85	3 — 18 — 54
6 — 16 — 96	9 — 17 —153	7 — 18 —126
3 — 16 — 48	3 — 17 — 51	5 — 18 — 90
7 — 16 —112	7 — 17 —119	2 — 18 — 36
9 — 16 —144	4 — 17 — 68	8 — 18 —144
4 — 16 — 64	6 — 17 —102	6 — 18 —108

FIN.

TABLE DES MATIÈRES.

PREMIÈRE PARTIE.

DEUXIÈME PARTIE.

La collection des tableaux destinés aux élèves dans l'enseignement mixte ou simultané, sera livrée séparément au prix de . . . . 2 francs.

Toute personne qui adressera à l'auteur le prix de 12 exemplaires de cette collection, en recevra *franco* 14

Pour 25, elle en recevra 30

Pour 50, elle en recevra 62

Et pour 100, elle en recevra 125

www.ingramcontent.com/pod-product-compliance
Ingram Content Group UK Ltd.
Pitfield, Milton Keynes, MK11 3LW, UK
UKHW022102190726
13855UKWH00002B/582

9 782013 062251